三角形と円の幾何学

三角形と円の幾何学

THE INTERNATIONAL MATHEMATICAL OLYMPIAD

数学オリンピック幾何問題完全攻略

安藤哲哉

海鳴社

まえがき

　中学・高校では，座標やベクトルより前に初等幾何学を学習するので，初等幾何学のほうが易しく，座標やベクトルを使う解析幾何学のほうが高級だと誤解している人もいる．しかし，解析幾何学は，問題が機械的な計算に帰着されるものが多いが，初等幾何学では，等しい角や線分を発見したり，補助線や補助円を自分で工夫して作図しなければ解が発見できない問題も少なくない．つまり，初等幾何学のほうが，飛躍した着想を要求される難しい問題が多いのである．

　本書は，中学・高校で幾何学を学習した後に，もう少し詳細な初等幾何学の知識を速習するための書である．特に，学校の教師や，教師を目指す学生，学校で学習するより進んだ勉強をしたい高校生などを，主な読者に想定している．しかし，数学の専門家が読まれても，新しい知見が見出されると思う．

　本書では，高校2年生までに学習する道具，つまり，ユークリッド幾何学，三角関数，座標，ベクトル，場合によっては複素数平面を総動員して，平面幾何や空間幾何の問題を考察している．つまり，ユークリッド幾何学の体系的入門書ではなく，図形の証明問題を解く実践的方法を追求した書である．

　数学の歴史をふりかえってみると，「幾何学は数学の王様であり，数論は数学の女王である」というのは誇張ではない．特に，古代ギリシャでの幾何学の発展は驚異的であった．その概要は，残存している何冊かのギリシャ時代の数学書から知ることができる．特に，ユークリッドの『原論(ストイケイア)』，アルキメデスの多くの著書，アポロニウスの『円錐曲線論』，メネラウスの『球面学』，プトレマイオス(トレミー)の『アルマゲスト』，ヘロンの一連の著書，パップスの『数学集成』の中からは，現在我々が高校までに学習する幾何学の大半が見出され，逆に，学校で教えられない定理や性質がたくさんあることを知る．

　その中でも，ユークリッドの『原論』は，数学史のみでなく，数学教育史上でも，大きな意味を持つ．17〜19世紀のヨーロッパでは，『原論』の幾何学が大

学入試に出題され，当時の著名な数学者・科学者・哲学者などは誰もが青少年時代に『原論』を勉強していた．そのため『原論』の幾何学は，当時の知識人の間で共通の教養になっていた．そして，数学は，『原論』が教える公理主義・証明主義によって，類推や経験に基づく曖昧な議論を排除した厳密性を追求する学問として発展することができた．

しかし，『原論』流の初等幾何学は，19世紀までには「関数」にその主座を明渡し，20世紀には集合論に基礎を置く「現代数学」にとって変わられた．不幸なことに，特に日本では，高校・大学の教育から初等幾何学はどんどん排除され，数学史上2000年以上をかけて蓄積されてきた幾何学の知識を，あまり知らない数学者・数学教育者が増加してしまった．それを補うために，本書では，国内の教科書でほとんど紹介されていない円や三角形に関する基本的で重要な定理を紹介するとともに，高校までに学習しない初等幾何の証明技法を解説する．

ただし，本書の幾何学は，素材こそ『原論』と同じかもしれないが，概念や証明方法は大幅に「現代化」されている．例えば，負の角度などを利用して点や線の位置関係による図形の場合分けを簡素化することや，合同変換・相似変換を上手に利用するのは，『原論』にはない考え方である．

本書には今まで国内で出版された幾何学書や問題集に書かれていない新しい問題をできるだけ多く収録するように努めた．初等幾何学はもはや現代数学の研究対象でなくなっているため，現在世界に，初等幾何学の専門家はほとんどいない．ただ例外的に，数学オリンピック関連のポストには，比較的多数の専門家がいる．そのため，初等幾何の最近の良問を捜すには，数学オリンピック関係の教材を調べるのが最善である．結果として，収録した問題のレベルはやや高くなっているが，数学オリンピックを目指す中学生・高校生には絶好の教材だと思う．

なお，本書で使う記号は，できるだけ，日本の中学・高校で使われている記号にあわせたが，数学的に不適切な部分は改め，諸外国で使われている記号を参考に，学校の教科書とは異なる記号を用いた．これについては記号表を参照してほしい．

目 次

まえがき　　　　　　　　　　　　　　　　　　　　　　　　i

記号表　　　　　　　　　　　　　　　　　　　　　　　　　v

第 I 部　三角形と円　　　　　　　　　　　　　　　　　 1

第 1 章　円周角の定理　　　　　　　　　　　　　　　　　2

第 2 章　方巾・根軸・根心　　　　　　　　　　　　　　14

第 3 章　三角法の基礎　　　　　　　　　　　　　　　　23

第 4 章　三角形の重心と中線定理　　　　　　　　　　　38

第 5 章　三角形の外心と外接円　　　　　　　　　　　　48

第 6 章　三角形の垂心とオイラー線　　　　　　　　　　56

第 7 章　三角形の内心と傍心　　　　　　　　　　　　　65

第 8 章　5 心間の距離と 9 点円　　　　　　　　　　　　76

第 9 章　三角形の射影幾何的諸定理　　　　　　　　　　88

第 10 章　三角形に関するその他の諸定理　　　　　　　101

第 11 章　円に内接する四角形とシムソン線　　　　　　121

第 12 章　四面体と球　　　　　　　　　　　　　　　　133

第 II 部　問題解法へのアプローチ　　149

第 13 章　共線・共点・共円問題　　150

第 14 章　共円関係を用いる証明法　　159

第 15 章　軌跡　　167

第 16 章　幾何不等式・最大最小問題　　173

第 17 章　作図問題　　180

第 18 章　相似変換　　186

第 19 章　反転　　198

索引　　211

記号表

$\|AB\|$	線分 AB の長さ
$\overline{AB}$	直線 AB (集合として直線 AB を扱う場合のみ)
$Area(\triangle ABC)$	三角形 ABC の面積
角 ABC	半直線 BA と BC がなす幾何学的図形
$\angle ABC$	角 ABC の大きさ (角度)
$\measuredangle ABC$	角 ABC の符号付き角度 (有向角)
$\measuredangle ABC \equiv \measuredangle DEF \pmod{180°}$	$\measuredangle ABC - \measuredangle DEF$ は 180° の整数倍である。
$AB \cap CD$	直線 AB と直線 CD の交点
$AB \mathbin{//} CD$	AB と CD は平行である
$AB \perp CD$	AB と CD は垂直である
$AB = CD$	直線 AB と直線 CD は一致する
$\|AB\| = \|CD\|$	線分 AB と線分 CD の長さは等しい
$\triangle ABC \equiv \triangle DEF$	三角形 ABC と DEF は合同である (頂点もこの順に対応する)
$\triangle ABC \backsim \triangle DEF$	三角形 ABC と DEF は相似である (頂点もこの順に対応する)

● 三角形 ABC に対する本書での慣用記号

G	$\triangle ABC$ の重心
H	$\triangle ABC$ の垂心
I	$\triangle ABC$ の内心

I_A	△ABC の A の反対側の傍心
O	△ABC の外心
A_m	△ABC の辺 BC の中点
A_b	△ABC の頂角 A の二等分線と辺 BC の交点
A_h	△ABC の頂点 A から辺 BC に下ろした垂線の足
A_i	△ABC の内接円と辺 BC の接点
A_e	△ABC の A の反対側にある傍接円と辺 BC の接点

● 集合に関する記号

$\mathbb{R}$	実数全体の集合
$\mathbb{R}^2$	平面上の点全体の集合
$\mathbb{R}^3$	空間内の点全体の集合
$\mathbb{C}$	複素数全体の集合
$f: A \to B$	集合 A を定義域,B を終域とする写像
$f^{-1}: B \to A$	f の逆写像

● 三角関数

$$\cot \theta = \frac{1}{\tan \theta} = \frac{\cos \theta}{\sin \theta}$$

$$\sec \theta = \frac{1}{\cos \theta}$$

$$\operatorname{cosec} \theta = \frac{1}{\sin \theta}$$

第I部

三角形と円

　第I部では，三角形の5心の性質を中心に，三角形と円に関する性質を考察していく．本題に入る前に，円の基本的性質と，三角法の知識を強化しておく．

　ところで，初等幾何の証明問題を解く第一歩は，定規とコンパスを用いて正確な図を作図することである．この正確な作図を通して，長さが等しそうな2つの線分や，大きさが等しそうな2つの角をさがしたり，同一直線上にありそうな3点をさがすのが，証明の基本中の基本である．本書の演習問題には図が原則として与えられていないが，この作図の作業を面倒に思って，フリーハンドの図で間に合わせて問題を解こうとすると，少し難しい問題はなかなか解けない．本書の解答の図の大半は，計算機を用いて正確に座標を計算した上で描かれている．このような正確な図があると，問題を解くのが大変楽になる．なお，手作業による作図は誤差が大きいので，パソコン上で動く「シンデレラ」などの作図ソフトを利用してもよい．

第1章
円周角の定理

● 符号付き角度

16 世紀頃までのユークリッド幾何では，負の角度という概念は存在しないが，座標やベクトルに基礎をおく現在の幾何では，負の角度を利用したほうが便利なことも多い．

符号付き角度 (**有向角**) とは，三角関数を扱うときのように，反時計回りに回るとき正，時計回りに回るとき負，と符号を定めた角度である．本書では，半直線 AB から AC までの符号付き角度 (有向角) を記号

$$\measuredangle \mathrm{BAC}$$

で表わし，符号を付けない角度を，普通の記号

$$\angle \mathrm{BAC} = |\measuredangle \mathrm{BAC}|$$

で表わす．符号付き角度で考えると，

$$\measuredangle \mathrm{BAC} = -\measuredangle \mathrm{CAB}$$

となる．また，「角 BAC」という表現は，半直線 AB と AC によって形成される図形的な「角」を表わし，その「角」の大きさが角度 ∠BAC である．

符号付き角度は 360°，あるいは 180° を法として扱う場合も多い．かみくだいて言えば，$370° = 10° = -350°$ と考えたり，時には，$190° = 10° = -170°$ と扱う場合もある，ということである．前者の場合，**角度は 360° を法として扱う**といい，後者の場合，**角度は 180° を法として扱う**という．このことを，本書では次のような合同式を用いて表わす．すなわち，

第 1 章 円周角の定理

$$\angle ABC \equiv \angle DEF \pmod{180°}$$

とは，$\angle ABC - \angle DEF$ が $180°$ の整数倍であることである．同様に，

$$\angle ABC \equiv \angle DEF \pmod{360°}$$

とは，$\angle ABC - \angle DEF$ が $360°$ の整数倍であることである．例えば，

$$370° \equiv 10° \equiv -350° \pmod{360°}$$
$$190° \equiv 10° \equiv -170° \pmod{180°}$$

である．本書では，合同式の高級な性質は使わないので，上の 2 通りの記号の意味と使い方だけ理解しておいてもらえれば十分である．

合同式は，三角関数を扱うときにも便利である．三角関数 $\sin\theta, \cos\theta$ は $360°$ を周期とするので，$\alpha \equiv \beta \pmod{360°}$ ならば，

$$\sin\alpha = \sin\beta, \quad \cos\alpha = \cos\beta$$

であり，逆に上の 2 式が両方とも成立すれば，$\alpha \equiv \beta \pmod{360°}$ である．

同様に，$\tan\theta, \cot\theta = \dfrac{1}{\tan\theta}$ は $180°$ を周期とするので，$\alpha \equiv \beta \pmod{180°}$ ならば，

$$\tan\alpha = \tan\beta, \quad \cot\alpha = \cot\beta$$

であり，逆に上の 2 式のうち少なくとも一方が成立すれば，$\alpha \equiv \beta \pmod{180°}$ である．

線分の長さや面積や体積に関しても符号付で考えるほうがよいことがあるが，必要なところで改めて説明する．

● **円周角の定理**

点 O を中心とする円周 ω 上に相異なる 4 点 A, B, P, Q があるとする．P と Q が直線 AB に関して同じ側にあるとき

$$\angle APB = \angle AQB \qquad ①$$

が成り立つ，というのが**円周角の定理**であり，P と Q が直線 AB に関して反

対側にあるとき

$$\angle APB + \angle BQA = 180° \qquad ②$$

が成り立つ，というのが**内接四角形定理**であった．円周角の定理も，内接四角形定理も，その逆が成立する．

ところで，②式で，

$$180° - \angle BQA \equiv -\angle BQA \equiv \angle AQB \pmod{180°}$$

であることに注意すると，①式も②式も，符号付き角度で書き直すと，

$$\angle APB \equiv \angle AQB \pmod{180°} \qquad ③$$

と表わすことができる．このように，円周角の定理と内接四角形定理は，符号付き角度で考えると，1つの定理に統合できる．さらに，「ある弧の上に立つ円周角は，その中心角の半分である」という**中心角の定理**もまとめて書くと以下のようになる．

定理 1.1 (円周角の定理・内接四角形定理・中心角の定理)　点 O を中心とする円周 ω 上に相異なる 4 点 A, B, P, Q があるとき，

$$\angle APB \equiv \angle AQB \equiv \frac{1}{2}\angle AOB \pmod{180°}$$

が成り立つ．逆に，平面上の 4 点 A, B, P, Q が，

$$\angle APB \equiv \angle AQB \pmod{180°}$$

を満たせば，この 4 点は同一円周上にある．

上の定理を上手に利用すると，P と Q が直線 AB に関して同じ側にあるか，反対側にあるかで，場合を分けて何通りもの式を書く必要がなくなる．

例えば，以下の問題は，符号付き角度を使わないと 3 通りの場合に，別々な計算式を書かないといけないが，符号付き角度を使えば，それが 1 つで済んですっきりする．

例題 1.2 平面上の 2 円 C_1, C_2 が相異なる 2 点 P, Q で交わっている．P を通る直線が円 C_1, C_2 とそれぞれ点 A, B で交わっている．線分 AB の中点を Y とし，直線 QY が円 C_1, C_2 とふたたび交わる点をそれぞれ X, Z とする．このとき Y は線分 XZ の中点であることを証明せよ．

(1997 年バルト海団体数学コンテスト問 12)

解答 図 1 のような場合を考える．円周角の定理により，

$$\angle XAY \equiv \angle XAP \equiv \angle XQP \equiv \angle ZQP \equiv \angle ZBP \equiv \angle ZBY \pmod{180°} \quad ①$$

である．これは，AX // ZB を意味し，$\angle XAY = \angle ZBY$ となる．また，$|AY| = |BY|$ なので，$\triangle AXY \equiv \triangle BZY$ である．したがって $|YX| = |YZ|$ であって，Y は XZ の中点である．

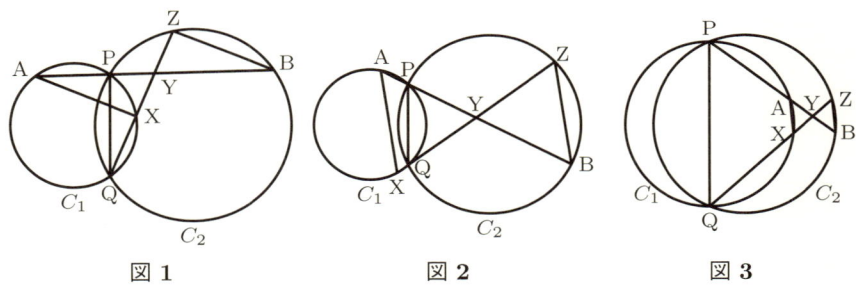

図 1 　　　　図 2 　　　　図 3

図 2，図 3 の場合も ① 式は，そのまま成立するので，上とまったく同じ証明で，Y が線分 XZ の中点であることがわかる． □

● 共円問題

ある 4 点が同一円周上にあることを証明する問題は，しばしば登場する．こういう問題は，円周角の定理の逆 (共円定理)，内接四角形定理の逆などを利用して解く．第 2 章で扱う方巾の定理の逆などを利用することもある．

例題 1.3 三角形 ABC は $2|AB| = |AC| + |BC|$ を満たしている (図 4)．このとき，三角形 ABC の内心 I，外心 O，AC の中点 B_m，BC の中点 A_m は同一円周上にあることを証明せよ．

(1999 年バルト海団体数学コンテスト問 12)

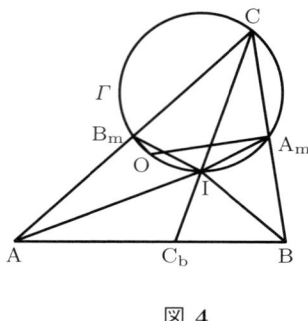

図 4

解答 $\angle OB_mC = \angle CA_mO = 90°$ だから，4 点 O, A_m, C, B_m は OC を直径とする円周 Γ 上にある．

角 ACB の二等分線と AB の交点を C_b とする．二等分線定理 (定理 3.8 参照) より，

$$|AC_b| = \frac{|AC| \cdot |AB|}{|AC| + |BC|} = \frac{|AC| \cdot |AB|}{2|AB|} = \frac{1}{2}|AC| = |AB_m|$$

である．同様に，$|BC_b| = |BA_m|$ である．AI は角 C_bAB_m の二等分線だから $\triangle AB_mI \equiv \triangle AC_bI$ である．同様に，$\triangle BA_mI \equiv \triangle BC_bI$ である．

$$\angle CA_mI \equiv \angle BA_mI \equiv \angle IC_bB \equiv \angle IC_bA \equiv \angle AB_mI \equiv \angle CB_mI \pmod{180°}$$

だから，内接四角形の定理の逆により，4 点 I, A_m, C, B_m は同一円周上にある．この円は Γ である．よって，I, O, B_m, A_m は同一円周上にある． □

共円問題については，第 13, 14 章で改めて，もう少し詳しく扱う．

● 接弦定理

定理 1.4 (接弦定理) 円 Γ に内接する三角形 ABC があり，点 A における円 Γ の接線を図 5 のように PQ とすれば，

$$\angle PAB = \angle ACB \tag{①}$$

が成り立つ．符号付き角度で表わせば，点 P, Q, B, C の位置関係がどのような場合でも，

$$\angle \mathrm{PAB} \equiv \angle \mathrm{QAB} \equiv \angle \mathrm{ACB} \pmod{180°} \qquad ②$$

が成り立つ．逆に，円 $\varGamma$ と同一平面上に点 P があり，①または②を満たせば，直線 PA は円 $\varGamma$ に接する．

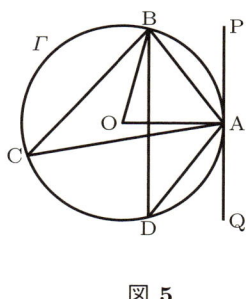

図 **5**

一般に，ある直線が円に接することを証明するには，接弦定理の逆を用いるか，方巾の定理の逆を用いるのが常套手段である．

例題 1.5 直角三角形 ABC は $\angle \mathrm{A} = 90°$, $|\mathrm{AB}| \neq |\mathrm{AC}|$ を満たしている．点 D, E, F はそれぞれ辺 BC, CA, AB 上の点で，四角形 AFDE は正方形で

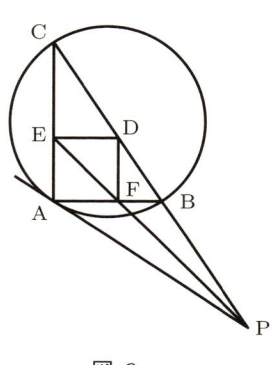

図 **6**

ある．このとき，直線 BC と，直線 FE と，点 A における三角形 ABC の外接円の接線は，1 点で交わることを証明せよ．

(2000 年バルト海団体数学コンテスト問 3)

解答　$P = BC \cap EF$ とする．対称性から，$|BP| < |CP|$ と仮定しても一般性を失わない (図 6)．

$|AF| = |DF|$, $\angle AFP = \angle PFD = 135°$ より，$\triangle AFP \equiv \triangle DFP$ である．これと，AC // FD より，$\angle PAF = \angle FDP = \angle ACB$ となり，接弦定理の逆により，PA は $\triangle ABC$ の外接円に接する．　□

―――― 演習問題 1 ――――

1. 2 つの直角三角形があり，直角な頂点から対辺 (斜辺) に下ろした中線は互いに平行である．このとき，各直角三角形から 1 本ずつ辺をうまく選ぶと，その 2 辺のなす角度の 2 倍は，2 つの直角三角形の斜辺のなす角度に等しいことを証明せよ．

(1993 年ロシア数学オリンピック 11 年生 5 次問 2)

2. 平面上に円 C があり，この円に 2 円 C_1, C_2 がそれぞれ点 A, B で内接している．また，C_1 と C_2 は交わらない．t は C_1 と C_2 の共通外接線で，t と C_1, C_2 の接点をそれぞれ D, E とする．このとき，直線 AD と BE の交点 F は円周 C 上にあることを証明せよ．

(1992 年バルト海団体数学コンテスト問 19)

3. 円周上に 4 点 A, B, M, N がある．N を始点とする半直線 NB と NA を同じ方向に 90° 回転し，それぞれ M を端点とする弦 MA_1, MB_1 が得られたとする．このとき AA_1 // BB_1 であることを証明せよ．

(1981 年ソ連数学オリンピック 8 年生問 2)

4. 直線上に相異なる 3 点 A, B, C があり，S はこの直線上にない点である．

点 A を通り SA に垂直な直線を ℓ_A, 点 B を通り SB に垂直な直線を ℓ_B, 点 C を通り SC に垂直な直線を ℓ_C とし, $M = \ell_B \cap \ell_C$, $N = \ell_C \cap \ell_A$, $P = \ell_A \cap \ell_B$ とする. このとき, 4 点 M, N, P, S は同一円周上にあることを証明せよ.

5. 三角形 ABC の辺 AC の中点を B_m, 頂点 B から AC に下ろした垂線の足を B_h とする. 頂角 B の二等分線に点 A, C から下ろした垂線の足をそれぞれ P, Q とする. このとき, 4 点 B_h, P, B_m, Q は同一円周上にあることを証明せよ.

(1995 年バルト海団体数学コンテスト問 19)

6. 互いに交わる半径の等しい 2 つの円 Γ_1, Γ_2 があり, これらの 2 円の中心を結ぶ線分の中点を O とする. 点 O を始点とする 2 本の半直線 ℓ_1, ℓ_2 が描かれていて, この 2 本の半直線は同一直線上にない. ℓ_1 と Γ_1, Γ_2 の交点をそれぞれ A_1, B_1 とし, ℓ_2 と Γ_1, Γ_2 の交点をそれぞれ A_2, B_2 とする. このとき, 4 点 A_1, A_2, B_1, B_2 は同一円周上にあることを証明せよ.

(1993 年ロシア数学オリンピック 10 年生 5 次問 2)

―― 解答 ――

1. 2 つの直角三角形を ABC, A′B′C′ とし, $\angle C = \angle C' = 90°$ とする. 一

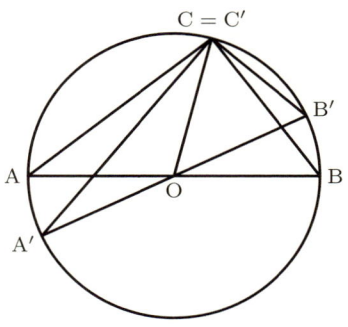

図 7

方の直角三角形を，C と C′ が重なるように平行移動し，C = C′ と仮定しておく (図 7).

このとき，頂点の位置関係は，図 7 のようであると仮定しても一般性を失わない．2 つの直角三角形 ABC, A′B′C′ の外接円は一致し，その中心 O は，線分 AB, A′B′ の中点であり，同時に O は AB と A′B′ の交点でもある．すると，中心角と円周角の関係から，∠AOA′ = 2∠ACA′ である． □

2. 円 C, C_1, C_2 の中心をそれぞれ O, O_1, O_2 とする (図 8). 3 点 O, O_1, A は同一直線上にあり，O_1D ⊥ DE だから，∠EDF = 90° − ∠ADO$_1$ = 90° − ∠OAF である．

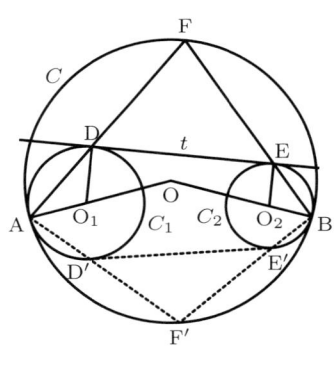

図 8

同様に，∠FED = 90° − ∠FBO である．よって，∠AFB = ∠OAF + ∠FBO である．四角形 AOBF の内角の和を考えると，

$$\angle AOB = 2(\angle OAF + \angle FBO) = 2\angle AFB$$

である．よって，円周角の定理の逆により，点 F は C 上にある． □

3. 仮定から，∠BNA = ∠A$_1$MB$_1$ なので，これらの円周角の上に立つ弧 $\overset{\frown}{BA}$ と $\overset{\frown}{A_1B_1}$ は長さが等しい．したがって，6 点が円周上に並ぶ順序は，反転や，A, A$_1$ と B, B$_1$ の入れ替えを無視すれば，図 9，図 10，および，(N, M, A$_1$,

B, B$_1$, A) と並ぶ場合，(N, M, A$_1$, B$_1$, B, A) と並ぶ場合の 4 通りがある．

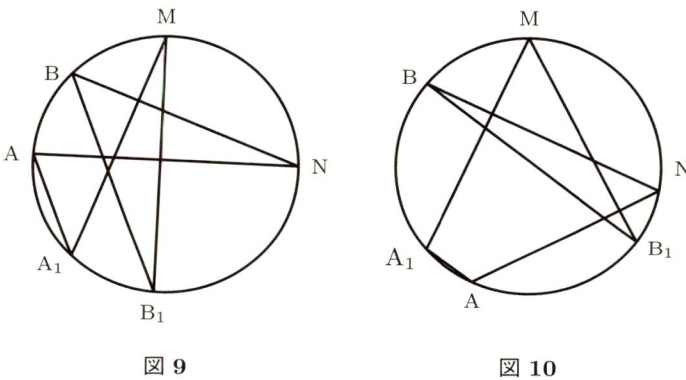

図 9 　　　　　図 10

図 9 の場合，$|\overparen{AB_1}| = |\overparen{BA_1}|$ より，

$$\angle AA_1B_1 \equiv \angle AMB_1 \equiv \angle BB_1A_1 \pmod{180°}$$

であるから，AA$_1$ // BB$_1$ である．

その他の場合も同様に証明できる． □

4. A, B, C はこの順に直線上に並んでいると仮定しても一般性を失わない (図 11)．

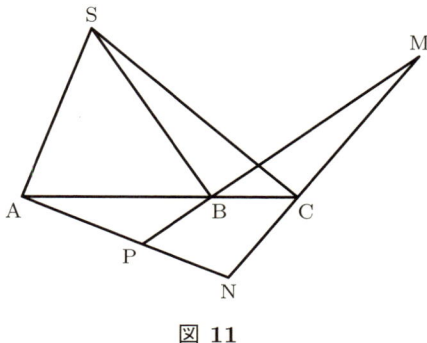

図 11

$\angle PAS = \angle SBP = 90°$ より，4 点 A, P, B, S は同一円周上にある．よっ

て，∠BAS = ∠BPS である．同様に，∠CAS = ∠CNS であるが，∠BAS = ∠CAS より，∠BPS = ∠CNS を得る．これは，∠MPS = ∠MNS とも書けるので，円周角の定理の逆より，4 点 M, N, P, S は同一円周上にある． □

5. もし，$|AB| = |BC|$ ならば $B_h = B_m = P = Q$ となるので，以下 $|AB| < |BC|$ と仮定する．$K = AB \cap CQ$ とする (図 12).

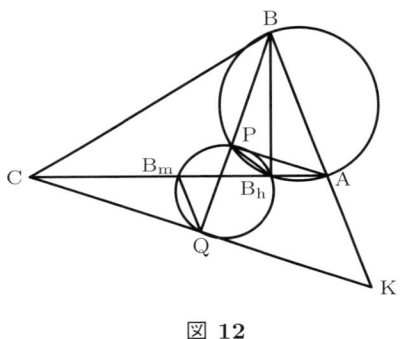

図 12

$CK \perp BQ$ で，$\angle CBQ = \angle QBK$ なので，$\triangle CBQ$ と $\triangle KBQ$ は合同な直角三角形で，$|CQ| = |KQ|$ である．中点連結定理により，$QB_m \parallel KA$ であり，$\angle PQB_m = \angle PBA$ となる．

$\angle AB_h B = \angle APB = 90°$ なので，四角形 $ABPB_h$ は円に内接し，$\angle PBA = 180° - \angle AB_h P = \angle PB_h B_m$ である．よって，$\angle PQB_m = \angle PB_h B_m$ だから，円周角の定理の逆 (共円定理) により，4 点 B_h, P, B_m, Q は同一円周上にある． □

6. 対称性を考慮すると，図 13 と図 14 の 2 通りの場合に考察すればよい．O に関し A_1, A_2 と対称な点を B_3, B_4 とする．B_3, B_4 は，Γ_2 上の点である．$|OB_3| = |OA_1|, |OB_4| = |OA_2|$ と方巾の定理より，

$$|OA_1| \cdot |OB_1| = |OB_3| \cdot |OB_1| = |OB_2| \cdot |OB_4| = |OB_2| \cdot |OA_2|$$

である．よって，$\triangle A_1 OB_2 \sim \triangle A_2 OB_1$ である．ただし，この相似は向きを反

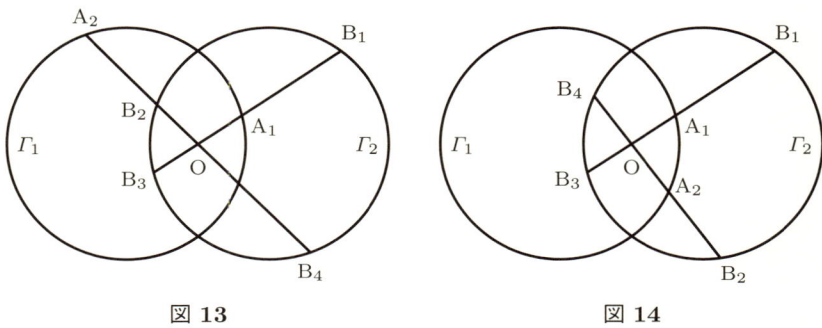

図 13　　　　　　　　　図 14

転する相似 (負の相似) なので，$\measuredangle A_1B_2O = -\measuredangle A_2B_1O$ である．これより，図 13，図 14 いずれの場合も，

$$\measuredangle A_1B_2A_2 \equiv -\measuredangle OB_2A_1 \equiv \measuredangle A_1B_2O \equiv -\measuredangle A_2B_1O$$
$$\equiv \measuredangle OB_1A_2 \equiv \measuredangle A_1B_1A_2 \pmod{180°}$$

である．したがって，4 点 A_1, B_1, B_2, A_2 は同一円周上にある．　□

第 2 章

方巾・根軸・根心

● **方巾**

平面上に点 O を中心とする円 C と円外 (または円周上) の点 P があり，点 P を通る直線 ℓ が，C と 2 点 Q_1, Q_2 で交わっているとする (図 1)．また，点 P から円 C に接線を 1 本引き，その接点を T とする．$\triangle \mathrm{PTQ}_1 \backsim \triangle \mathrm{PQ}_2\mathrm{T}$ なので，

$$|\mathrm{PQ}_1| \cdot |\mathrm{PQ}_2| = |\mathrm{PT}|^2 = |\mathrm{OP}|^2 - |\mathrm{OT}|^2$$

が成り立ち，$|\mathrm{PQ}_1| \cdot |\mathrm{PQ}_2|$ の値は，点 P を通る直線 ℓ の選び方によらない．そこで，

$$p(\mathrm{P}, C) = |\mathrm{PQ}_1| \cdot |\mathrm{PQ}_2|$$

とおき，$p(\mathrm{P}, C)$ を，点 P の円 C に関する **方巾** (方羃，ほうべき) という．

円 C が座標平面上で方程式

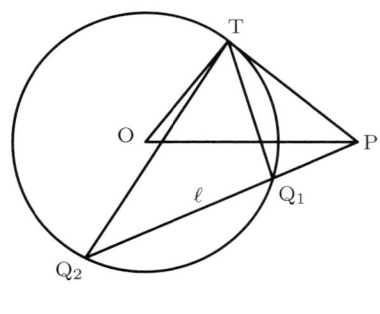

図 1

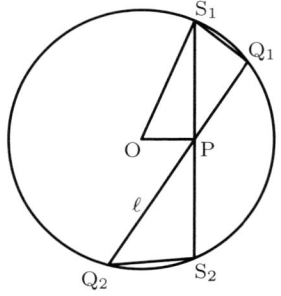

図 2

$$(x-a)^2 + (y-b)^2 = r^2$$

で定義されているとき，P(x, y) が C の外部または周上にあれば，

$$p(\mathrm{P},\ C) = |\mathrm{OP}|^2 - |\mathrm{OT}|^2 = (x-a)^2 + (y-b)^2 - r^2$$

となる．

次に，点 P が円 C の内部にある場合を考える．図 2 のように記号を設定する．ただし，OP $\perp$ S$_1$S$_2$ である．$\triangle$Q$_1$S$_1$P $\backsim$ $\triangle$S$_2$Q$_2$P なので，

$$|\mathrm{PQ}_1| \cdot |\mathrm{PQ}_2| = |\mathrm{PS}_1| \cdot |\mathrm{PS}_2| = |\mathrm{PS}_1|^2 = |\mathrm{OS}_1|^2 - |\mathrm{OP}|^2$$

が成り立ち，$|\mathrm{PQ}_1| \cdot |\mathrm{PQ}_2|$ の値は，点 P を通る直線 Q$_1$Q$_2$ の選び方によらない．

古典的には，$|\mathrm{PQ}_1| \cdot |\mathrm{PQ}_2|$ の値を，点 P の円 C に関する方巾とよぶが，本書では，点 P が円 C の内部にあるときは，方巾の値は頭にマイナスを付け，

$$p(\mathrm{P},\ C) = -|\mathrm{PQ}_1| \cdot |\mathrm{PQ}_2| = |\mathrm{OP}|^2 - |\mathrm{OS}_1|^2$$

であると約束する．このように，方巾の値を，符号付きで定義しておくと，円 C が

$$(x-a)^2 + (y-b)^2 = r^2$$

で定義されているとき，P $= (x, y)$ が C の内部にあっても，

$$p(\mathrm{P},\ C) = |\mathrm{OP}|^2 - |\mathrm{OS}_1|^2 = (x-a)^2 + (y-b)^2 - r^2$$

となり，点 P が円の外部にある場合と，方巾の値は同じ形の式で与えられる．

- **方巾の定理の逆**

次の方巾の定理の逆は，今後登場する問題でしばしば用いられる．

定理 2.1（1） ℓ_1, ℓ_2 は点 P を通る直線で，A, B は ℓ_1 上の点，C, D は ℓ_2 上の点で，

$$|\mathrm{PA}| \cdot |\mathrm{PB}| = |\mathrm{PC}| \cdot |\mathrm{PD}|$$

を満たすとする．このとき，4 点 A, B, C, D は同一円周上にある．

（2） 点 P は円 C の外部の点で，点 P を通るある直線が円周 C と 2 点 A, B で交わるとする．また，Q は円周 C 上の点で，
$$|\mathrm{PA}| \cdot |\mathrm{PB}| = |\mathrm{PQ}|^2$$
を満たすとする．このとき，直線 PQ は円 C に接する．

証明は定理 1.1 を使えばすぐできるので，割愛する．

● 根軸

中心が異なる 2 円 C_1, C_2 について，それぞれの円に関する方巾の値が等しい点 P の軌跡は，以下に証明するように，2 円の中心を結ぶ直線に垂直な直線である．この直線を，C_1 と C_2 の**根軸**という．

定理 2.2 2 円 $x^2 + y^2 + lx + my + n = 0$ と $x^2 + y^2 + l'x + m'y + n' = 0$ の根軸の方程式は，
$$(l - l')x + (m - m')y + (n - n') = 0 \qquad ①$$
である．特に，2 円が交わる場合，根軸は，2 円の 2 つの交点を通る直線であり，2 円が外接する場合はその共通内接線である．

証明 $\mathrm{P} = (x, y)$ とすると，
$$p(\mathrm{P}, C_1) = x^2 + y^2 + lx + my + n$$
$$p(\mathrm{P}, C_2) = x^2 + y^2 + l'x + m'y + n'$$
である．よって，$p(\mathrm{P}, C_1) = p(\mathrm{P}, C_2)$ を満たす点 P は，① を満たす． □

● 根心

3 つの円 C_1, C_2, C_3 の中心は同一直線上にないとする．3 つの円に関する方巾の値が等しい点 P を，円 C_1, C_2, C_3 の**根心**という（図 3）．

根心 P の 2 円 C_1, C_2 に関する方巾は等しいから，根心 P は C_1 と C_2 の根軸 ℓ_{12} 上にある．同様に，根心 P は C_2 と C_3 の根軸 ℓ_{23} 上にある．よって，根心 P は ℓ_{12} と ℓ_{23} の交点である．同様に，根心 P は 2 円 C_3, C_1 の根

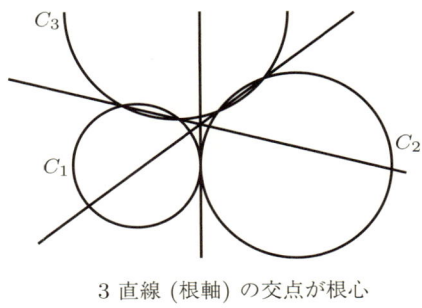

3 直線 (根軸) の交点が根心

図 3

軸 ℓ_{31} 上の点でもあるから，3本の根軸 $\ell_{12}, \ell_{23}, \ell_{31}$ は 1 点 P で交わる．

3 つの円 C_1, C_2, C_3 の中心がすべて異なっていても，それらが同一直線上にある場合は，3 本の根軸は平行なので，根心は存在しない．

どの 2 つも交わる 3 つの円について，3 本の根軸が 1 点で交わることは，1799 年にモンジュが発見したと言われている．

例題 2.3 四角形 ABCD, CDEF はそれぞれある円に内接している (図 4)．もし，3 直線 AB, CD, EF が 1 点 M で交わるとすれば，四角形 BAEF もある円に内接することを証明せよ．

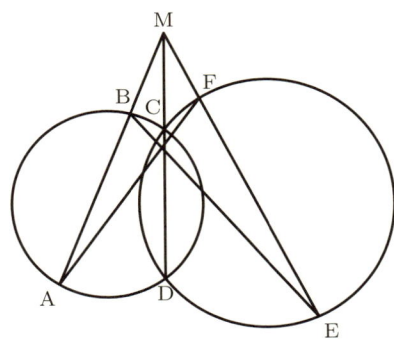

図 4

解答 方巾の定理より, $|MA| \cdot |MB| = |MC| \cdot |MD| = |ME| \cdot |MF|$ なので, 方巾の定理の逆から, 4 点 A, B, F, E は同一円周上にある. □

―― 演習問題 2 ――

1. 平面上の 2 つの円 C_1, C_2 が 2 点 A, B で交わっている. C_1, C_2 の中心をそれぞれ M_1, M_2 とする. P は線分 AB の内部の点で, $|AP| \neq |BP|$ を満たすとする. P を通り M_1P に垂直な直線が円 C_1 と交わる点を C, D とし, P を通り M_2P に垂直な直線が円 C_2 と交わる点を E, F とする. このとき, 4 点 C, D, E, F は長方形の 4 頂点であることを証明せよ.

(1998 年北欧数学オリンピック問 2)

2. 三角形 ABC の内心を I とし, 内接円と辺 BC, AC, AB との接点をそれぞれ A_i, B_i, C_i とする. また, 内接円と直線 AA_i の A_i 以外の交点を P とし, M を線分 B_iC_i の中点とする. このとき 4 点 P, I, M, A_i は同一円周上にあるか, あるいは同一直線上にあることを証明せよ.

(1990 年ラテンアメリカ数学オリンピック問 2)

3. 同一直線上に 5 点 A, B, C, D, E がこの順に並んでいて, $|AB| = |BC| = |CD| = |DE|$ を満たしている. 点 F がこの直線の外にある. 三角形 ADF の外心を O, 三角形 BEF の外心を H とする. このとき, 直線 OH と FC は直交することを証明せよ.

(1997 年バルト海団体数学コンテスト問 13)

4. 点 O_1, O_2 を中心とする円 C_1, C_2 が点 T で外接している. また, 円 C_1, C_2 は, O を中心とする円 C にそれぞれ点 A, B で内接している. 点 T における C_1 と C_2 の共通接線が円 C と交わる点を K, L とする. さらに, 点 O から直線 KL に下ろした垂線の足を D とする. このとき, $\angle O_1OO_2 = \angle ADB$ であることを証明せよ.

(1993 年バルカン数学オリンピック問 3)

5. 互いに外接する 3 個の円の半径を，それぞれ，ほんの少しだけ大きくして，3 個の円のどの 2 つも 2 点で交わるようにする．合計 6 個の交点のうち，内側の 3 点を A_1, B_1, C_1 とし，対応する外側の 3 点を A_2, B_2, C_2 とする．このとき，次の等式が成立することを証明せよ．

$$|A_1B_2| \cdot |B_1C_2| \cdot |C_1A_2| = |A_1C_2| \cdot |C_1B_2| \cdot |B_1A_2|$$

(1991 年バルト海団体数学コンテスト問 19)

―― 解答 ――

1. 方巾の定理より

$$|PC| \cdot |PD| = |PA| \cdot |PB| = |PE| \cdot |PF| \qquad ①$$

である．また，$\triangle M_1PC$ と $\triangle M_1PD$ は合同な直角三角形なので，$|PC| = |PD|$ である (図 5)．同様に，$|PE| = |PF|$ である．①とあわせると，$|PC| = |PD| = |PE| = |PF|$ が得られ，C, D, E, F を頂点とする四角形は，長方形である．□

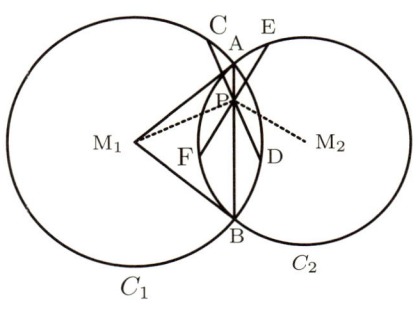

図 5

2. $|AB| = |AC|$ ならば，4 点 P, I, M, A_i は BC の垂直二等分線上にある．

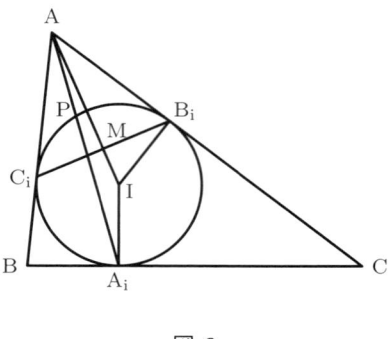

図 6

以下，$|AB| < |AC|$ の場合を考える (図 6)．$\triangle AB_iI \backsim \triangle AMB_i$ だから，$|AM| \cdot |AI| = |AB_i|^2$ である．他方，方巾の定理により，$|AP| \cdot |AA_i| = |AB_i|^2$ である．よって，$|AP| \cdot |AA_i| = |AM| \cdot |AI|$ だから，方巾の定理の逆により，4 点 P, I, M, A_i は同一円周上にある． □

3. $\triangle ADF$ の外接円 $\varGamma_1$ と $\triangle BEF$ の外接円 $\varGamma_2$ の F 以外の交点を P とする (図 7)．

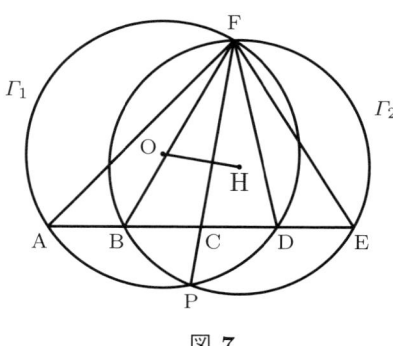

図 7

$|AC| \cdot |CD| = |BC| \cdot |CE|$ だから，点 C から円 $\varGamma_1, \varGamma_2$ への方巾は等しい．したがって，点 C は $\varGamma_1$ と $\varGamma_2$ の根軸 FP 上にある．O, H は $\varGamma_1, \varGamma_2$ の中心で，直線 FC は $\varGamma_1$ と $\varGamma_2$ の共通弦だから，$OH \perp FC$ である． □

4. 円 C, C_1, C_2 の根心を M とする (図 8). C と C_1 の根軸 AM は C と C_1 の共通接線である. 同様に, BM は C と C_2 の共通接線, TM は C_1 と C_2 の共通接線である.

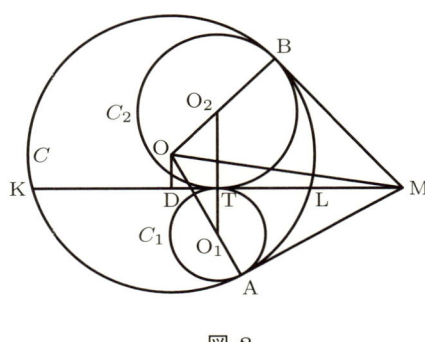

図 8

$\angle \text{MAO} = \angle \text{OBM} = \angle \text{MDO} = 90°$ だから, 5 点 A, M, B, O, D は同一円周上にある. したがって, $\angle O_1OO_2 = \angle \text{AOB} = \angle \text{ADB}$ である. □

5. 3 直線 A_1A_2, B_1B_2, C_1C_2 は 3 円の根心 P で交わる (図 9). 円周角の定理より, 弧 $\overparen{A_1B_1}$ の上に立つ円周角として, $\angle PB_2A_1 = \angle B_1A_2P$ である. したがって, $\triangle PA_1B_2 \backsim \triangle PB_1A_2$ であり, $\dfrac{|B_1A_2|}{|A_1B_2|} = \dfrac{|PB_1|}{|PA_1|}$ が成り立つ.

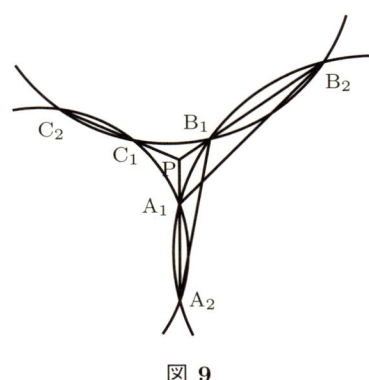

図 9

同様に，$\dfrac{|C_1B_2|}{|B_1C_2|} = \dfrac{|PC_1|}{|PB_1|}$, $\dfrac{|A_1C_2|}{|C_1A_2|} = \dfrac{|PA_1|}{|PC_1|}$ だから，

$$\dfrac{|A_1C_2| \cdot |C_1B_2| \cdot |B_1A_2|}{|A_1B_2| \cdot |B_1C_2| \cdot |C_1A_2|} = \dfrac{|B_1A_2|}{|A_1B_2|} \cdot \dfrac{|C_1B_2|}{|B_1C_2|} \cdot \dfrac{|A_1C_2|}{|C_1A_2|}$$

$$= \dfrac{|PB_1|}{|PA_1|} \cdot \dfrac{|PC_1|}{|PB_1|} \cdot \dfrac{|PA_1|}{|PC_1|} = 1$$

となり，問題の等式が成立する． □

第3章

三角法の基礎

本章では,三角形 ABC の辺 BC, CA, AB の長さをそれぞれ a, b, c で表わし,頂角 A, B, C の大きさを A, B, C と書く.また,三角形 ABC の面積を S,内接円の半径を r,外接円の半径を R で表わす.

三角形 ABC の周の長さの半分 (semi-perimeter) は,

$$s = \frac{a+b+c}{2}$$

で表わす.$S = rs$ である.

● 正弦定理と余弦定理

高校で学習したように,以下の公式が成立する.

定理 3.1 （1） $\dfrac{a}{\sin A} = \dfrac{b}{\sin B} = \dfrac{c}{\sin C} = 2R$ （正弦定理）
（2） $a = b\cos C + c\cos B$ （第 1 余弦定理）
（3） $a^2 = b^2 + c^2 - 2bc\cos A$ （第 2 余弦定理）
（4） $\cos A = \dfrac{b^2 + c^2 - a^2}{2bc}$ （第 2 余弦定理）

証明は割愛する.

定理 3.2 $S = \dfrac{abc}{4R} = 2R^2 \sin A \sin B \sin C = \dfrac{a^2 \sin B \sin C}{2\sin A}$

証明 正弦定理よりすぐわかる. □

定理 3.3 (テルケムの定理)　A, B, C から対辺に下ろした垂線の長さをそれぞれ，h_A, h_B, h_C とするとき，次が成り立つ．
$$\frac{1}{r} = \frac{1}{h_A} + \frac{1}{h_B} + \frac{1}{h_C}$$

証明　$h_A = c\sin B$, $\sin B = \dfrac{b}{2R}$ より，$\dfrac{1}{h_A} = \dfrac{2R}{bc}$ である．よって，
$$\frac{1}{h_A} + \frac{1}{h_B} + \frac{1}{h_C} = \frac{2R}{bc} + \frac{2R}{ca} + \frac{2R}{ab}$$
$$= \frac{2R(a+b+c)}{abc} = \frac{4Rs}{abc} = \frac{s}{S} = \frac{1}{r} \qquad \square$$

- **半角の公式とヘロンの公式**

次の半角の公式は，少し覚えにくいが，いろいろ応用の広い公式である．

定理 3.4 (三角形に関する半角の公式)

(1)　$\sin\dfrac{A}{2} = \sqrt{\dfrac{(s-b)(s-c)}{bc}}$

(2)　$\cos\dfrac{A}{2} = \sqrt{\dfrac{s(s-a)}{bc}}$

(3)　$\tan\dfrac{A}{2} = \sqrt{\dfrac{(s-b)(s-c)}{s(s-a)}} = \dfrac{r}{s-a}$

証明　(1) は次のようにしてわかる．
$$2\sin^2\frac{A}{2} = 1 - \cos A = 1 - \frac{b^2+c^2-a^2}{2bc} = \frac{a^2-(b-c)^2}{2bc}$$
$$= \frac{(a-b+c)(a+b-c)}{2bc} = \frac{2(s-b)(s-c)}{bc}$$

(2) は同様に次のようにわかる．
$$2\cos^2\frac{A}{2} = 1 + \cos A = 1 + \frac{b^2+c^2-a^2}{2bc} = \frac{(b+c)^2-a^2}{2bc}$$
$$= \frac{(a+b+c)(b+c-a)}{2bc} = \frac{2s(s-a)}{bc}$$

第 3 章 三角法の基礎　　　　　　　　　　　　　　　　　　　　　　　　25

（3）の $\tan\dfrac{A}{2} = \sqrt{\dfrac{(s-b)(s-c)}{s(s-a)}}$ は，（1）と（2）からすぐわかる．

$\tan\dfrac{A}{2} = \dfrac{r}{s-a}$ を示す．△ABC の内接円と，辺 BC, CA, AB との接点をそれぞれ A_i, B_i, C_i とする．

$|AB_i| = |AC_i|$ などより，$|AB_i| = |AC_i| = s-a$ が成り立つ．直角三角形 AIB_i を考察すれば，$\tan\dfrac{A}{2} = \dfrac{r}{s-a}$ が得られる．　　□

次のヘロンの公式は，ヘロンの著書『測量術』第 1 巻第 8 章で証明されている．ヘロンの生きていた年代は不詳で，BC150 年頃という説や，BC250 年頃という説がある．ヘロンの公式は，すでにアルキメデス（BC287〜212）が知っていたらしい．

定理 3.5（ヘロンの公式）
$$S = \sqrt{s(s-a)(s-b)(s-c)}$$

証明　$S = \dfrac{1}{2}bc\sin A = bc\sin\dfrac{A}{2}\cos\dfrac{A}{2} = bc\sqrt{\dfrac{(s-b)(s-c)}{bc}}\sqrt{\dfrac{s(s-a)}{bc}}$
$= \sqrt{s(s-a)(s-b)(s-c)}$　　□

定理 3.6　（1）　$\cos\dfrac{A}{2}\cos\dfrac{B}{2}\cos\dfrac{C}{2} = \dfrac{1}{4}(\sin A + \sin B + \sin C) = \dfrac{s}{4R}$
（2）　$\sin\dfrac{A}{2}\sin\dfrac{B}{2}\sin\dfrac{C}{2} = \dfrac{1}{4}(\cos A + \cos B + \cos C - 1)$
$$= \dfrac{(s-a)(s-b)(s-c)}{abc} = \dfrac{r}{4R}$$
（3）　$\tan A \tan B \tan C = \tan A + \tan B + \tan C$
（4）　$\sin^2 A + \sin^2 B + \sin^2 C = 2(1 + \cos A \cos B \cos C)$

証明　（1）　和積公式より，
$$\sin A + \sin B + \sin C = 2\sin\dfrac{A+B}{2}\cos\dfrac{A-B}{2} + 2\sin\dfrac{C}{2}\cos\dfrac{C}{2}$$

$$\begin{aligned}
&= 2\cos\frac{C}{2}\cos\frac{A-B}{2} + 2\cos\frac{A+B}{2}\cos\frac{C}{2} \\
&= 2\left(\cos\frac{A-B}{2} + \cos\frac{A+B}{2}\right)\cos\frac{C}{2} \\
&= 4\cos\frac{A}{2}\cos\frac{B}{2}\cos\frac{C}{2} \qquad \square
\end{aligned}$$

(2) $\quad \cos A + \cos B + \cos C - 1 = (\cos A + \cos B) - (1 - \cos C)$

$$\begin{aligned}
&= 2\cos\frac{A+B}{2}\cos\frac{A-B}{2} - 2\sin^2\frac{C}{2} \\
&= 2\sin\frac{C}{2}\cos\frac{A-B}{2} - 2\sin\frac{C}{2}\cos\frac{A+B}{2} \\
&= 2\left(\cos\frac{A-B}{2} - \cos\frac{A+B}{2}\right)\sin\frac{C}{2} \\
&= 4\sin\frac{A}{2}\sin\frac{B}{2}\sin\frac{C}{2}
\end{aligned}$$

ヘロンの公式と $S = \dfrac{abc}{4R},\ S = rs$ より，

$$\frac{(s-a)(s-b)(s-c)}{abc} = \frac{S^2}{sabc} = \frac{S^2}{s\cdot 4RS} = \frac{S}{s\cdot 4R} = \frac{r}{4R}$$

残りの部分は半角の公式からすぐにわかる．

(3) $\quad -\tan C = \tan(A+B) = \dfrac{\tan A + \tan B}{1 - \tan A \tan B}$ の分母を払うと得られる．

(4) 三角関数の和積公式により，

$$\sin^2 A + \sin^2 B + \sin^2 C$$
$$= (1 - \cos^2 A) + \frac{1 - \cos 2B}{2} + \frac{1 - \cos 2C}{2}$$
$$= 2 - \cos^2 A - \cos\frac{2B + 2C}{2}\cos\frac{2B - 2C}{2}$$
$$= 2 - \cos A \cos(180° - B - C) - \cos(180° - A)\cos(B - C)$$
$$= 2 + \cos A(\cos(B + C) + \cos(B - C))$$
$$= 2 + 2\cos A \cos B \cos C \qquad \square$$

例題 3.7 三角形 ABC の外心を O とする．D = AO∩BC, E = BO∩CA, F = CO∩AB とし，三角形 ABC の外接円の半径を R とする (図 1)．このとき，

$$\frac{1}{|AD|} + \frac{1}{|BE|} + \frac{1}{|CF|} = \frac{2}{R}$$

が成り立つことを証明せよ．

(1985 年ラテンアメリカ数学オリンピック問 6 ほか)

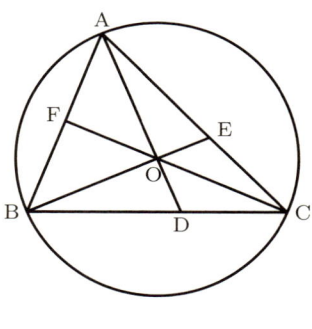

図 1

解答 △ADC に正弦定理を用いると，

$$\frac{1}{|AD|} = \frac{\sin \angle CDA}{|AC| \sin \angle ACB} = \frac{\sin(90° + B - C)}{(2R \sin B) \cdot \sin C} = \frac{\cos(B - C)}{2R \sin B \sin C}$$
$$= \frac{\cos B \cos C + \sin B \sin C}{2R \sin B \sin C} = \frac{1}{2R} (\cot B \cot C + 1)$$

となる．よって，

$$\frac{1}{|AD|} + \frac{1}{|BE|} + \frac{1}{|CF|} = \frac{1}{2R} (3 + \cot B \cot C + \cot C \cot A + \cot A \cot B)$$

を得る．$\cot C = \cot(180° - A - B) = -\cot(A + B)$ より，

$$\cot A \cot B + \cot B \cot C + \cot C \cot A$$
$$= \cot A \cot B - (\cot B + \cot A) \cot(A + B)$$
$$= \cot A \cot B - (\cot A + \cot B) \frac{\cot A \cot B - 1}{\cot A + \cot B} = 1$$

であるので，これより結論を得る．　　　　　　　　　　　　　　　　　□

• **頂角の二等分線**

三角形 ABC の頂角 A の二等分線と，辺 BC の交点を A_b とする (図 2)．

図 2

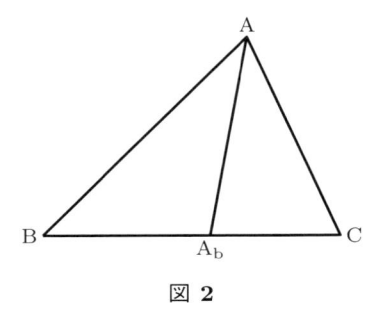

定理 3.8 (二等分線定理)　$|BA_b| : |CA_b| = c : b$

二等分線定理は，『原論』第 6 巻の第 3 命題である．証明は省略する．

定理 3.9　　　　$$|AA_b| = \frac{2bc\cos\frac{A}{2}}{b+c} = \frac{2\sqrt{bcs(s-a)}}{b+c}$$

証明　$x = |AA_b|$ とおく．
$$bc\sin A = 2S = 2Area(\triangle ABA_b) + 2Area(\triangle AA_bC)$$
$$= (c+b)x\sin\frac{A}{2}$$

より，$x = \dfrac{bc\sin A}{(b+c)\sin\dfrac{A}{2}} = \dfrac{2bc\cos\dfrac{A}{2}}{b+c}$ となる．これに，半角の公式 $\cos\dfrac{A}{2} = \sqrt{\dfrac{s(s-a)}{bc}}$ を代入すれば，$x = \dfrac{2\sqrt{bcs(s-a)}}{b+c}$ が得られる．　　　□

• **傍心に関連する公式**

傍心に関する詳しい性質は，第 7 章で改めて扱うが，ここでは，三角法に関

する諸公式をまとめておく.

図3のように, 3直線 BC, CA, AB に接する円は (連立2次方程式の解として定まるので)4個あり, そのうち1個が三角形内に, 3個が三角形外にある. 三角形内にある円を**内接円** (incircle), 三角形外にある3個の円を**傍接円** (excircle) という. 傍接円の中心を**傍心** (excenter) という.

辺 (線分) BC に接する傍接円の半径を r_A, その中心を I_A と書くことにする. r_B, I_B, r_C, I_C も同様とする. 直線 AI_B, AI_C が頂角 A の外角の二等分線であることは容易にわかるので, 3点 I_B, A, I_C は同一直線上にある. また, $\angle I_A AC$ は △ABC の頂角 A の内角の半分だから, $\angle I_A AI_B = 90°$ である. よって, $A_I A \perp I_B I_C$ である. 以上のことから, 次のことがわかる.

定理 3.10 点 A, B, C は, それぞれ, 三角形 $I_A I_B I_C$ の辺 $I_B I_C, I_C I_A, I_A I_B$ 上にあり, 三角形 ABC の内心は, 三角形 $I_A I_B I_C$ の垂心である (図3).

三角形 $I_A I_B I_C$ を三角形 ABC の**傍心三角形**という.

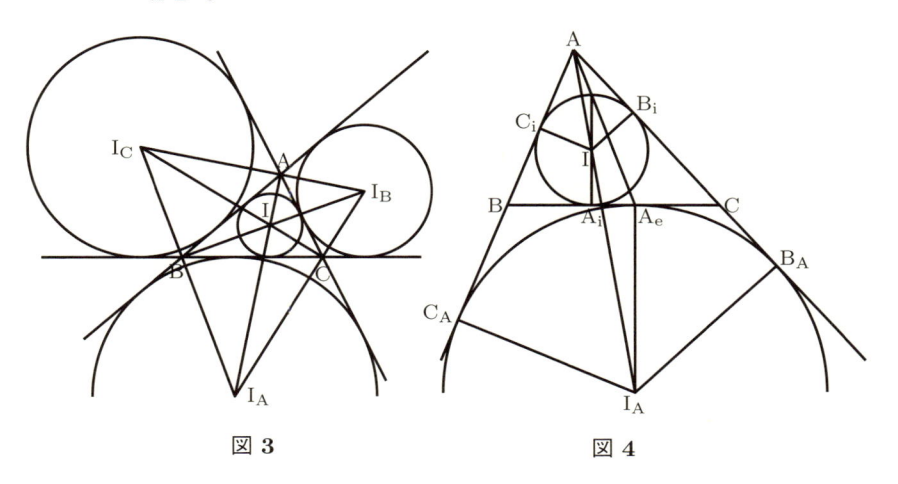

図3   図4

解析幾何学の立場からは, 内接円も傍接円も, 3直線 BC, CA, AB に接する, という条件で決定されるので, ほとんど同じような性質を持つ. 三角法の立場から見ても, 内接円は三角形の中に, 傍接円は三角形の外にある, という

違いしかないので，内接円に関する公式と傍接円に関する公式には，よく似ていることが多い．

さて，図4のように，I_A を中心とする傍接円と，直線 BC, CA, AB との接点を，それぞれ A_e, B_A, C_A とする．また，内接円と BC, CA, AB との接点を，それぞれ A_i, B_i, C_i とする．

図を見ただけで，内接円と傍接円の相似に関するいろいろな性質が読み取れるが，細かいことは改めて第7章で論ずる．ここでは「円外の1点から円に引いた2本の接線の長さは等しい」という性質から，次の等式が成り立つことのみを注意しておく．

$$|AB_A| = |AC_A| \quad\quad ①$$
$$|BA_e| = |BC_A| \quad\quad ②$$
$$|CA_e| = |CB_A| \quad\quad ③$$

②, ③ より，$|AB_A| + |AC_A| = a + b + c = 2s$ であり，これと ① より，

$$|BA_e| = |BC_A| = s - c$$
$$|CA_e| = |CB_A| = s - b$$

を得る．$|CA_i| = |CB_i| = s - c$ などを使うと次の定理が得られる．

定理 3.11　(1)　$|AB_A| = |AC_A| = s$
(2)　$|BA_e| = |BC_A| = |CA_i| = |CB_i| = s - c$
(3)　$|CA_e| = |CB_A| = |BA_i| = |BC_i| = s - b$

上の性質は，内心と傍心を扱う上で基本的であり，用いる場面が多い．また，

$$S = Area(\triangle I_A AB) + Area(\triangle I_A CA) - Area(\triangle I_A CB)$$
$$= \frac{1}{2}cr_A + \frac{1}{2}br_A - \frac{1}{2}ar_A = \frac{(b+c-a)r_A}{2} = (s-a)r_A$$

より，以下の公式が得られる．

第 3 章 三角法の基礎

定理 3.12 （1） $r_A = \dfrac{S}{s-a} = \sqrt{\dfrac{s(s-b)(s-c)}{s-a}} = (s-b)\cot\dfrac{C}{2}$

（2） $\tan\dfrac{A}{2} = \dfrac{r}{s-a} = \dfrac{r_A}{s}$

以下の関係式も，今まで説明した諸公式を組み合わせれば，証明できる．

定理 3.13 （1） $S = r_A(s-a) = \sqrt{rr_Ar_Br_C}$

（2） $r_A = 4R\sin\dfrac{A}{2}\cos\dfrac{B}{2}\cos\dfrac{C}{2}$

（3） $\dfrac{1}{r} = \dfrac{1}{r_A} + \dfrac{1}{r_B} + \dfrac{1}{r_C}$ 　　　　　　　　（ルーリエの定理）

（4） $r_A + r_B + r_C - r = 4R$ 　　　　　　　　（フォイエルバッハの定理）

証明 （1），（2）は簡単である．

（3） $r = \dfrac{S}{s},\ r_A = \dfrac{S}{s-a}$ より，

$$\dfrac{1}{r_A} + \dfrac{1}{r_B} + \dfrac{1}{r_C} = \dfrac{(s-a)+(s-b)+(s-c)}{S} = \dfrac{s}{S} = \dfrac{1}{r}$$

（4）を示す．

$$r_A + r_B + r_C - r = \dfrac{S}{s-a} + \dfrac{S}{s-b} + \dfrac{S}{s-c} - \dfrac{S}{s}$$

$$= \dfrac{s(s-b)(s-c)}{S} + \dfrac{s(s-c)(s-a)}{S}$$
$$\quad + \dfrac{s(s-a)(s-b)}{S} - \dfrac{(s-a)(s-b)(s-c)}{S}$$

$$= \dfrac{s(s-c)(2s-a-b)}{S} + \dfrac{(s-a)(s-b)(s-(s-c))}{S}$$

$$= \dfrac{s(s-c)c}{S} + \dfrac{(s-a)(s-b)c}{S}$$

$$= \dfrac{(2s^2 - (a+b+c)s + ab)c}{S} = \dfrac{(2s^2 - 2s\cdot s + ab)c}{S}$$

$$= \dfrac{abc}{S} = 4R \qquad \square$$

―― 演習問題 3 ――

1. 鋭角三角形 ABC の垂心を H とするとき，
$$|AH| + |BH| + |CH| = 2(R + r)$$
を証明せよ．

2. A, B, C が鋭角三角形の頂角の大きさであるとき，次の不等式が成立することを証明せよ．
$$\sin A + \sin B > \cos A + \cos B + \cos C$$

(1991 年バルト海団体数学コンテスト問 7)

3. △ABC は正三角形で Γ はその内接円，点 D は辺 AB 上の点，E は辺 AC 上の点で線分 DE は Γ に接している．このとき
$$\frac{|AD|}{|DB|} + \frac{|AE|}{|EC|} = 1$$
であることを証明せよ．

(1993 年ラテンアメリカ数学オリンピック問 4)

4. ∠BAC = 90° である直角三角形 ABC において，辺 BC 上に点 D があり，∠ADB = 2∠BAD を満たしている．このとき，次の等式を証明せよ．
$$\frac{1}{|AD|} = \frac{1}{2}\left(\frac{1}{|BD|} + \frac{1}{|CD|}\right)$$

(1998 年バルト海団体数学コンテスト問 12. 清宮俊雄氏出題)

5. 鋭角三角形 ABC の頂点 A, B, C から対辺に下ろした垂線の足をそれぞれ A_h, B_h, C_h とする．三角形 ABC の内接円，外接円の半径をそれぞれ r, R とするとき，△$A_h B_h C_h$ と △ABC の周の長さの比は $r : R$ であることを証明せよ．

6. 三角形 ABC の内接円と，辺 BC, CA との接点をそれぞれ A_i, B_i とす

る．また，頂角 A, B の二等分線と直線 B_iA_i との交点をそれぞれ P, Q とする．さらに，I を三角形 ABC の内心とする．このとき $|B_iP| \cdot |IA| = |BC| \cdot |IQ|$ であることを証明せよ．

(1989 年ラテンアメリカ数学オリンピック問 4)

———— 解答 ————

1. △ABH の外接円の半径を R' とする．正弦定理より，

$$R = \frac{|AB|}{2\sin \angle ACB}, \quad R' = \frac{|AB|}{2\sin \angle AHB}$$

である．$\angle AHB = 180° - \angle ACB$ だから，$R = R'$ となる．よって，

$$|AH| = 2R \sin \angle HBA = 2R \sin(90° - A) = 2R \cos A$$

である．よって，

$$|AH| + |BH| + |CH| = 2R(\cos A + \cos B + \cos C)$$

である．定理 3.6 (2) より，$r = R(\cos A + \cos B + \cos C - 1)$ なので，

$$2(R + r) = 2R(\cos A + \cos B + \cos C) = |AH| + |BH| + |CH|$$

を得る． $\square$

2. $90° > A > 90° - B$ より，

$$\sin A > \sin(90° - B) = \cos B$$

である．同様に，$\sin B > \cos A$ である．よって，

$$(1 - \sin A)(1 - \sin B) < (1 - \cos A)(1 - \cos B)$$

である．これを展開して変形すると，

$$\sin A + \sin B > \cos A + \cos B - \cos A \cos B + \sin A \sin B$$
$$= \cos A + \cos B - \cos(A + B)$$

$$= \cos A + \cos B + \cos C$$

が得られる. □

3. 正三角形 ABC の 1 辺の長さを 1 とし, $x = |AD|, y = |AE|$ とする. 内接円 Γ と AB, AC, DE の接点をそれぞれ C_i, B_i, T とする (図 5).

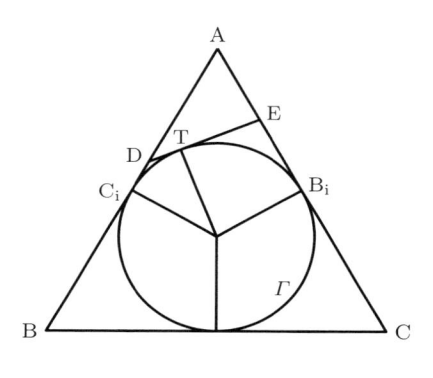

図 5

$|DC_i| = |DT|, |EB_i| = |ET|, |C_iB| + |B_iC| = |BC| = 1$ より, $|DE| = 1 - x - y$ である. $|DE|^2 = |AD|^2 + |AE|^2 - 2|AD| \cdot |AE| \cos 60°$ より,

$$(1 - x - y)^2 = x^2 + y^2 - xy$$

である. これを整理し, 順次変形すると,

$$1 - 2x - 2y + 3xy = 0$$
$$(1-x)(1-y) = x(1-y) + y(1-x)$$
$$1 = \frac{x}{1-x} + \frac{y}{1-y} = \frac{|AD|}{|DB|} + \frac{|AE|}{|EC|}$$

となる. □

4. $\theta = \angle BAD$ とすると, $\angle B = 180° - 3\theta$, $\angle DAC = 90° - \theta$, $\angle C = 3\theta - 90°$ である (図 6).

第 3 章 三角法の基礎

図 6

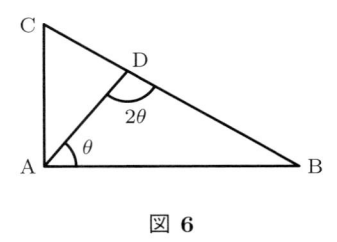

$\triangle$ABD に正弦定理を用いると，

$$\frac{\sin 3\theta}{|\mathrm{AD}|} = \frac{\sin B}{|\mathrm{AD}|} = \frac{\sin \angle \mathrm{BAD}}{|\mathrm{BD}|} = \frac{\sin \theta}{|\mathrm{BD}|}$$

である．よって，$\dfrac{1}{|\mathrm{BD}|} = \dfrac{\sin 3\theta}{\sin \theta} \cdot \dfrac{1}{|\mathrm{AD}|}$ である．同様に，$\triangle$ADC に正弦定理を用いると，

$$\frac{-\cos 3\theta}{|\mathrm{AD}|} = \frac{\sin C}{|\mathrm{AD}|} = \frac{\sin \angle \mathrm{DAC}}{|\mathrm{CD}|} = \frac{\cos \theta}{|\mathrm{CD}|}$$

である．よって，$\dfrac{1}{|\mathrm{CD}|} = -\dfrac{\cos 3\theta}{\cos \theta} \cdot \dfrac{1}{|\mathrm{AD}|}$ である．これらより，

$$\frac{1}{|\mathrm{BD}|} + \frac{1}{|\mathrm{CD}|} = \left(\frac{\sin 3\theta}{\sin \theta} - \frac{\cos 3\theta}{\cos \theta}\right) \frac{1}{|\mathrm{AD}|}$$
$$= \frac{\sin 3\theta \cos \theta - \cos 3\theta \sin \theta}{\sin \theta \cos \theta} \cdot \frac{1}{|\mathrm{AD}|}$$
$$= \frac{\sin 2\theta}{\frac{1}{2}\sin 2\theta} \cdot \frac{1}{|\mathrm{AD}|} = \frac{2}{|\mathrm{AD}|}$$

となり，求める等式を得る． $\square$

5. $|\mathrm{AB_h}| = c\cos A$ 等より，

$$|\mathrm{B_h C_h}|^2 = |\mathrm{AC_h}|^2 + |\mathrm{AB_h}|^2 - 2|\mathrm{AC_h}| \cdot |\mathrm{AB_h}|\cos A$$
$$= c^2 \cos^2 A + b^2 \cos^2 A - 2bc \cos^3 A$$
$$= (c^2 + b^2 - 2bc \cos A)\cos^2 A$$

$$= a^2 \cos^2 A$$

となる．よって，

$$|\mathrm{B_h C_h}| = a\cos A = \frac{a^2(b^2+c^2-a^2)}{2abc}$$

である．これより，$S = Area(\triangle\mathrm{ABC})$ として，

$$|\mathrm{B_h C_h}| + |\mathrm{C_h A_h}| + |\mathrm{A_h B_h}|$$
$$= \frac{a^2(b^2+c^2-a^2) + b^2(c^2+a^2-b^2) + c^2(a^2+b^2-c^2)}{2abc}$$
$$= \frac{2(a^2b^2+b^2c^2+c^2a^2) - (a^4+b^4+c^4)}{2abc}$$
$$= \frac{(a+b+c)(-a+b+c)(a-b+c)(a+b-c)}{2abc}$$
$$= \frac{16S^2}{2abc} = \frac{2S}{R} = \frac{r(|\mathrm{BC}|+|\mathrm{CA}|+|\mathrm{AB}|)}{R}$$

となり，これより結論を得る． □

注 上の結論は，$\triangle\mathrm{ABC}$ が鋭角三角形でない場合も成立する．

6. $\angle\mathrm{BAC} = 2\alpha$, $\angle\mathrm{CBA} = 2\beta$, $\angle\mathrm{ACB} = 2\gamma$ とする (図 7)．$\dfrac{|\mathrm{IQ}|}{|\mathrm{IA}|} = \sin\gamma = \dfrac{|\mathrm{B_i P}|}{|\mathrm{BC}|}$ であることを示す．まず，$\triangle\mathrm{AIQ}$ が $\angle\mathrm{AQI} = 90°$ の直角三角形で，

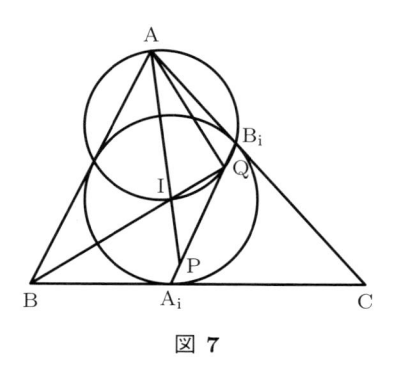

図 **7**

$\angle \mathrm{IAQ} = \gamma$ であることを示す.

$|\mathrm{CB_i}| = |\mathrm{CA_i}|$ だから,

$$\angle \mathrm{QIA} = \angle \mathrm{BAI} + \angle \mathrm{IBA} = \alpha + \beta = 90° - \gamma = \angle \mathrm{A_i B_i C}$$

である.したがって,四角形 $\mathrm{AIQB_i}$ は円に内接し,$\angle \mathrm{AQI} = \angle \mathrm{AB_i I} = 90°$ である.これより,$\angle \mathrm{IAQ} = \gamma$ で,$\dfrac{|\mathrm{IQ}|}{|\mathrm{IA}|} = \sin \gamma$ である.

$$\angle \mathrm{B_i PA} = \angle \mathrm{PB_i C} - \angle \mathrm{PAB_i} = (\alpha + \beta) - \alpha = \beta$$

なので,$\triangle \mathrm{APB_i}$ に正弦定理を用いて,

$$\frac{|\mathrm{B_i P}|}{\sin \alpha} = \frac{|\mathrm{AB_i}|}{\sin \beta} = \frac{|\mathrm{B_i I}| \cot \alpha}{\sin \beta} = \frac{|\mathrm{A_i I}| \cos \alpha}{\sin \alpha \sin \beta} \qquad ①$$

を得る.$\angle \mathrm{BIC} = 180° - \beta - \gamma = 90° + \alpha$ だから,$\triangle \mathrm{BCI}$ に正弦定理を用いて,

$$\frac{|\mathrm{BC}|}{\cos \alpha} = \frac{|\mathrm{BC}|}{\sin(90° + \alpha)} = \frac{|\mathrm{BI}|}{\sin \gamma} = \frac{|\mathrm{A_i I}|}{\sin \beta \sin \gamma} \qquad ②$$

である.①,② より,

$$\frac{|\mathrm{B_i P}|}{|\mathrm{BC}|} = \frac{\dfrac{|\mathrm{A_i I}| \cos \alpha}{\sin \beta}}{\dfrac{|\mathrm{A_i I}| \cos \alpha}{\sin \beta \sin \gamma}} = \sin \gamma$$

が得られる. □

第4章

三角形の重心と中線定理

前章のように，三角形 ABC を考察する場合，以下のように記号を設定する．
$$a = |BC|, \quad b = |CA|, \quad c = |AB|$$
$$A = \angle BAC, \quad B = \angle CBA, \quad C = \angle ACB$$

また，ベクトルを用いて考察する場合，頂点 A, B, C の位置ベクトルをそれぞれ $\mathbf{a}, \mathbf{b}, \mathbf{c}$ で表わす．また，三角形 ABC の重心を G，外心を O，垂心を H，内心を I，3 個の傍心を I_A, I_B, I_C で表わす．以上の記号は，これからの記述で，いちいち断ることなく使用する．

辺 BC, CA, AB の中点を A_m, B_m, C_m とする．直線 (または線分) AA_m, BB_m, CC_m を**中線** (median) という．中線が，直線のほうを指すのか，線分のほうを指すのかについて，明確な約束はないが，「中線の長さ」などというときには，線分のほうを指している．

● 三角形の重心

三角形の重心を扱うときは，多くの場合，座標やベクトルを用いるのが簡単である．簡単な計算でわかるように，三角形 ABC の 3 中線 AA_m, BB_m, CC_m は位置ベクトル $\dfrac{\mathbf{a}+\mathbf{b}+\mathbf{c}}{3}$ を持つ点 G で交わる．この点 G を三角形 ABC の**重心**という (図 1)．

なお，三角形の重心のことを，英語では centroid ということが多い．古い教科書では barycenter とも書かれている．力学的な意味での重心のことを center of gravity というが，三角形にこの語を使うことはまれである．

重心に関する性質は，ヘロンの『機械術』で証明されている．ヘロンの『機械

第 4 章 三角形の重心と中線定理

図 1

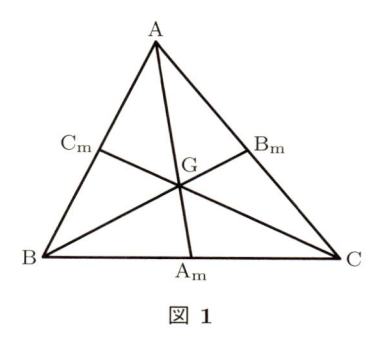

『術』では，四角形，五角形の重心も求めている．四角形以上の多角形では，頂点の位置ベクトルの平均が，重心と一致するとは限らないことに注意する．なお，密度が一様な三角形の板の，力学的意味での重心 (center of gravity) は，3 中線の交点である重心 (centroid) に一致する．

三角形の重心が主題の問題を解くとき，ベクトルを用いると簡単な場合が多いが，位置ベクトルの始点をうまく選ぶ必要がある場合もある．たとえば，三角形 ABC の外心 O を始点に選ぶと，$|\overrightarrow{OA}| = |\overrightarrow{OB}| = |\overrightarrow{OC}|$ という関係式が利用できるために，うまくいく場合が少なくない．

例題 4.1 O は三角形 ABC の外心で，C_m は線分 AB の中点，G は三角形 ACC_m の重心である (図 2)．このとき，直線 CC_m が OG に垂直であるための必要十分条件は，$|AB| = |AC|$ であることを証明せよ．

(1985 年バルカン数学オリンピック問 1)

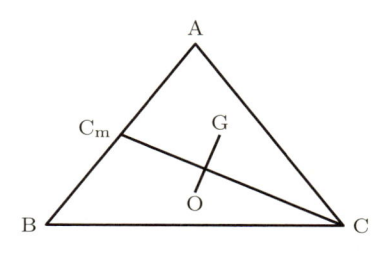

図 2

解答　$\mathbf{a} = \overrightarrow{OA}, \mathbf{b} = \overrightarrow{OB}, \mathbf{c} = \overrightarrow{OC}, \mathbf{m} = \overrightarrow{OC_m}, \mathbf{g} = \overrightarrow{OG}$ とする．
$$\mathbf{m} = \frac{1}{2}(\mathbf{a}+\mathbf{b}), \quad \mathbf{g} = \frac{1}{6}(3\mathbf{a}+\mathbf{b}+2\mathbf{c}), \quad \overrightarrow{CC_m} = \frac{1}{6}(\mathbf{a}+\mathbf{b}-2\mathbf{c})$$
である．$CC_m \perp OG \iff (3\mathbf{a}+\mathbf{b}+2\mathbf{c})\cdot(\mathbf{a}+\mathbf{b}-2\mathbf{c}) = 0$ であり，ここで $|\mathbf{a}| = |\mathbf{b}| = |\mathbf{c}|$ を用いると，
$$(3\mathbf{a}+\mathbf{b}+2\mathbf{c})\cdot(\mathbf{a}+\mathbf{b}-2\mathbf{c}) = 4\mathbf{a}\cdot\mathbf{b} - 4\mathbf{a}\cdot\mathbf{c} = -4\overrightarrow{OA}\cdot\overrightarrow{BC}$$
となる．したがって，

$CC_m \perp OG \iff OA \perp BC \iff$「$\triangle ABC$ は $|AB| = |AC|$ の二等辺三角形」

となる．　□

- **中線定理とスチュワートの定理**

中線の長さは，次の「パップスの中線定理」によって与えられる．パップスは AD3 世紀後半にアレキサンドリアで活躍した数学者である．

定理 4.2 (パップスの中線定理)
$$|AA_m|^2 = \frac{2b^2 + 2c^2 - a^2}{4}$$

(パップス『数学集成』第 7 巻の命題 122)

証明は，A から BC に下ろした垂線の足を A_h とし，直角三角形 ABA_h, AA_hC, A_mA_h に三平方の定理を適用し，3 式から $|AA_h|$ と $|A_mA_h|$ の項を消去すればよいが，次のスチュワートの定理において，$m = n = \dfrac{a}{2}$ としてもよい．

定理 4.3 (スチュワートの定理)　辺 BC 上に点 X をとり，$m = |BX|$, $n = |CX|$, $p = |AX|$ とおくと，次が成り立つ (図 3)．
$$a(p^2 + mn) = b^2 m + c^2 n$$

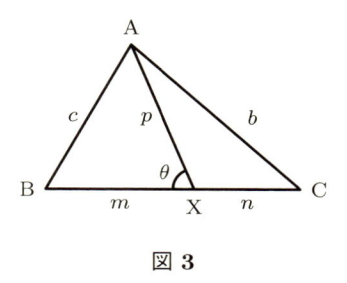

第 4 章 三角形の重心と中線定理

図 3

証明 $\theta = \angle AXB$ とおくと,
$$c^2 = p^2 + m^2 - 2pm\cos\theta \qquad ①$$
$$b^2 = p^2 + n^2 - 2pn\cos(180° - \theta) = p^2 + n^2 + 2pn\cos\theta \qquad ②$$

である．①を n 倍，②を m 倍して辺々加えて $m + n = a$ に注意して整理すると $a(p^2 + mn) = b^2 m + c^2 n$ を得る． □

——— 演習問題 4 ———

1. 三角形 ABC において，G はその重心，A_m は線分 BC の中点とする．また，X は線分 AB 上の点，Y は AC 上の点で，3 点 X, G, Y は同一直線上にあり，さらに XY // BC とする．$Q = XC \cap GB$, $P = YB \cap GC$ とする．このとき，$\triangle A_m PQ \backsim \triangle ABC$ を証明せよ．

(1991 年アジア太平洋数学オリンピック問 1)

2. 3 匹のハエが，三角形 ABC の周上を飛んでいて，そのうち 1 匹のハエが三角形 ABC の周上を 1 周した．3 匹のハエを頂点とする三角形の重心はつねに一定の点であったという．この定点は三角形 ABC の重心であることを証明せよ．

(1975 年ソ連数学オリンピック 8 年生問 5)

3. 三角形 ABC の内接円と辺 BC, CA, AB の接点をそれぞれ A_i, B_i, C_i とする．直線 AA_i と内接円の A_i 以外の交点を X とするとき $|AX| = |XA_i|$ であると仮定する．直線 XB, XC と内接円の X 以外の交点をそれぞれ Y, Z と

する．このとき $|B_iY| = |C_iZ|$ であることを証明せよ．

(1995 年ラテンアメリカ数学オリンピック問 5)

4. 三角形 ABC の辺 BC の中点を A_m とし，線分 AA_m の中点を M とする．また $N = BM \cap AC$ とする．このとき直線 AB が三角形 NBC の外接円に接するための必要十分条件は，

$$\frac{|BM|}{|MN|} = \left(\frac{|BC|}{|BN|}\right)^2$$

が成り立つことであることを証明せよ．

(1996 年ラテンアメリカ数学オリンピック問 2)

5. 三角形 ABC について，点 A_m, B_m, C_m はそれぞれ辺 BC, CA, AB の中点であり，また G は三角形 ABC の重心とする．∠BAC の値を 1 つ固定したとき，四角形 AC_mGB_m が円に内接するような相似でない三角形 ABC は何通りあるか．

(1990 年アジア太平洋数学オリンピック問 1)

—— 解答 ——

1. CA, AB の中点を B_m, C_m とする (図 4)．G は △ABC の重心だから，

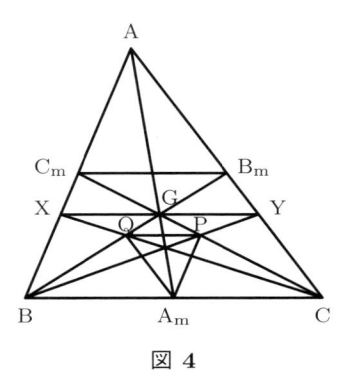

図 4

$|B_mG| : |GB| = 1 : 2$ で，$|CY| : |YB_m| = 2 : 1$ となる．A, B, C の位置ベクトルを **a**, **b**, **c** とすれば，

$$\overrightarrow{BY} = \frac{1}{3}\mathbf{a} + \frac{2}{3}\mathbf{c} - \mathbf{b}, \quad \overrightarrow{CC_m} = \frac{1}{2}\mathbf{a} + \frac{1}{2}\mathbf{b} - \mathbf{c}$$

となる．P の位置ベクトルは，ある実数 s, t により，

$$\mathbf{b} + s\left(\frac{1}{3}\mathbf{a} + \frac{2}{3}\mathbf{c} - \mathbf{b}\right) = \mathbf{c} + t\left(\frac{1}{2}\mathbf{a} + \frac{1}{2}\mathbf{b} - \mathbf{c}\right)$$

と書ける．この方程式を解いて，$s = \frac{3}{4}, t = \frac{1}{2}$ を得るので，P の位置ベクトルは，$\frac{1}{4}(\mathbf{a} + \mathbf{b} + 2\mathbf{c})$ となる．

同様に，Q の位置ベクトルは，$\frac{1}{4}(\mathbf{a} + 2\mathbf{b} + \mathbf{c})$ なので，

$$\overrightarrow{PQ} = -\frac{1}{4}\overrightarrow{BC}, \quad \overrightarrow{A_mP} = -\frac{1}{4}\overrightarrow{AB}, \quad \overrightarrow{A_mQ} = -\frac{1}{4}\overrightarrow{AC}$$

を得る．したがって，$\triangle A_mPQ \backsim \triangle ABC$ である． □

2. $\triangle ABC$ の重心 G を通り BC に平行な直線と，AB, AC で囲まれる三角形を Δ_A とする (図 5)．また，G を通り CA に平行な直線と BC, BA で囲まれる三角形を Δ_B, G を通り AB に平行な直線と CA, CB で囲まれる三角形を Δ_C とする (図 6)．

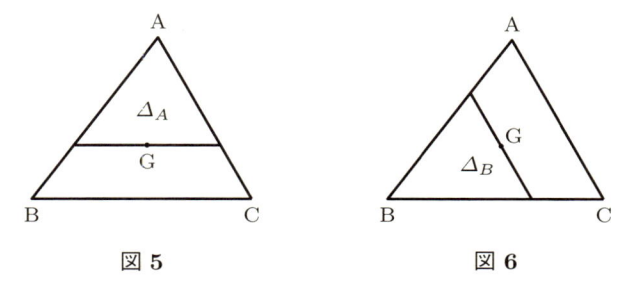

図 5　　　　　図 6

3 匹のハエを頂点とする三角形の重心を P とし，ABC の周上を 1 周したハエを F とする．F が A にいるとき，他の 2 匹のハエの位置の中点を M とす

ると，P は線分 AM を $2:1$ に内分する点である．したがって，P は三角形 Δ_A の内部または周上にある．

ハエ F が B, C にいるとき，上と同様な考察をすると，P は Δ_B, Δ_C の内部または周上にあることがわかる．$\Delta_A \cap \Delta_B \cap \Delta_C = \{G\}$ だから，P = G が証明された． □

3. $C_iY \parallel AA_i$ を示す．$c = |AB|, d = |BA_i| = |BC_i|, e = |AX| = |XA_i|$ とする (図 7)．

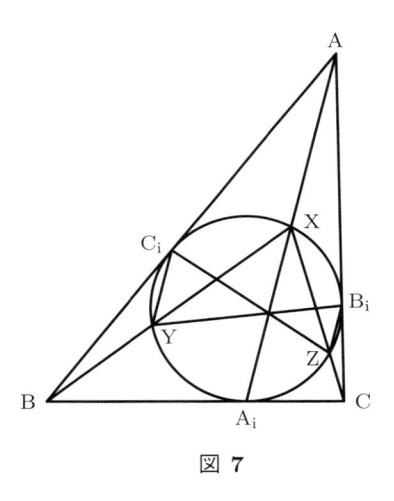

図 7

方巾の定理により $|AC_i|^2 = |AX| \cdot |AA_i| = 2e^2$ である．よって，$|AC_i| = \sqrt{2}e, d = |BC_i| = c - \sqrt{2}e$ である．$\triangle ABA_i$ にパップスの中線定理を用いて，

$$|BX|^2 = \frac{2|AB|^2 + 2|BA_i|^2 - |AA_i|^2}{4} = \frac{c^2 + d^2 - 2e^2}{2}$$

$$= \frac{c^2 + d^2 - 2\left(\frac{c-d}{\sqrt{2}}\right)^2}{2} = cd$$

となるので，$|BX| = \sqrt{cd}$ である．

$|BX| \cdot |BY| = |BA_i|^2 = d^2$ より，$|BY| = \dfrac{d^2}{|BX|} = \dfrac{d^2}{\sqrt{cd}}$ である．すると，

$$|BY| : |BX| = \frac{d^2}{\sqrt{cd}} : \sqrt{cd} = d : c = |BC_i| : |BA|$$

となり，$\triangle ABX \backsim \triangle C_iBY$ がわかる．よって $C_iY \mathbin{/\mkern-5mu/} AX$ である．

同様に，$B_iZ \mathbin{/\mkern-5mu/} AX$ であり，$C_iY \mathbin{/\mkern-5mu/} B_iZ$ が得られる．C_iY, B_iZ は円の弦なので，C_iY の中点と B_iZ の中点を結ぶ直線 ℓ は，円の中心を通り，C_iY, B_iZ に垂直である．したがって，ℓ に関する対称性から，$|B_iY| = |C_iZ|$ が得られる． □

4. A_m を通り BN に平行な直線と AC の交点を P とする (図 8)．$|AM| = |MA_m|, |BA_m| = |A_mC|$ だから，中点連結定理により，$|AN| = |NP| = |PC|$ である．同様に，$|MN| : |A_mP| : |BN| = 1 : 2 : 4$ だから，$|BM| : |MN| = 3 : 1$ が得られる．

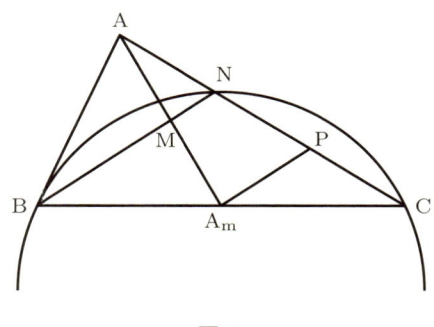

図 8

AB が $\triangle NBC$ の外接円に接すると仮定する．方巾の定理により，
$$|AB|^2 = |AN| \cdot |AC| = 3|AN|^2$$
である．パップスの中線定理を $\triangle ABC, \triangle ABA_m$ に適用すると，
$$|AA_m|^2 = \frac{2|AB|^2 + 2|AC|^2 - |BC|^2}{4} = 6|AN|^2 - |BA_m|^2,$$
$$9|MN|^2 = |BM|^2 = \frac{2|BA|^2 + 2|BA_m|^2 - |AA_m|^2}{4}$$
$$= \frac{6|AN|^2 + 2|BA_m|^2 - (6|AN|^2 - |BA_m|^2)}{4} = \frac{3|BA_m|^2}{4}$$

となる．よって，$|\mathrm{BC}|^2 = 4|\mathrm{BA_m}|^2 = 48|\mathrm{MN}|^2$ を得る．

したがって，$|\mathrm{BC}| = 4\sqrt{3}|\mathrm{MN}| = \sqrt{3}|\mathrm{BN}|$ であり，$\left(\dfrac{|\mathrm{BC}|}{|\mathrm{BN}|}\right)^2 = 3 = \dfrac{|\mathrm{BM}|}{|\mathrm{MN}|}$ を得る．

逆に，$\left(\dfrac{|\mathrm{BC}|}{|\mathrm{BN}|}\right)^2 = \dfrac{|\mathrm{BM}|}{|\mathrm{MN}|}$ を仮定する．$|\mathrm{BM}| : |\mathrm{MN}| = 3 : 1$ だから，$|\mathrm{BC}| : |\mathrm{BN}| = \sqrt{3} : 1$，$|\mathrm{BA_m}| : |\mathrm{BM}| = 2 : \sqrt{3}$ である．パップスの中線定理により，

$$\dfrac{2|\mathrm{AB}|^2 + 2|\mathrm{AC}|^2 - |\mathrm{BC}|^2}{4} = |\mathrm{AA_m}|^2 = 2|\mathrm{AB}|^2 + 2|\mathrm{BA_m}|^2 - 4|\mathrm{BM}|^2$$
$$= 2|\mathrm{AB}|^2 - |\mathrm{BA_m}|^2 = 2|\mathrm{AB}|^2 - \dfrac{|\mathrm{BC}|^2}{4}$$

なので，$|\mathrm{AB}|^2 = \dfrac{1}{3}|\mathrm{AC}|^2 = |\mathrm{AC}| \cdot |\mathrm{AN}|$ を得る．方巾の定理の逆により，直線 AB は △NBC の外接円に接する． □

5. $\mathrm{J} = \mathrm{AA_m} \cap \mathrm{B_m C_m}$ とし，

$$p = |\mathrm{AJ}| \cdot |\mathrm{JG}| - |\mathrm{C_m J}| \cdot |\mathrm{JB_m}| = \dfrac{|\mathrm{AA_m}|}{2} \cdot \dfrac{|\mathrm{AA_m}|}{6} - \left(\dfrac{|\mathrm{BC}|}{4}\right)^2$$

とおく（図 9）．$a = |\mathrm{BC}|$, $b = |\mathrm{CA}|$, $c = |\mathrm{AB}|$ とすると，パップスの中線定理により，$|\mathrm{AA_m}|^2 = \dfrac{2b^2 + 2c^2 - a^2}{4}$ だから，

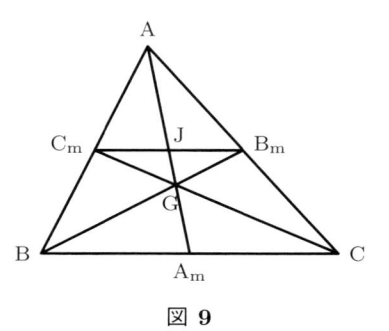

図 9

$$p = \frac{|{\rm AA_m}|^2}{12} - \frac{|{\rm BC}|^2}{16} = \frac{b^2+c^2-2a^2}{24} = \frac{4bc\cos A - b^2 - c^2}{24}$$

となる．ただし，$A = \angle{\rm BAC}$ である．

方巾の定理から，四角形 $\rm AC_m GB_m$ が円に内接するための必要十分条件は $p = 0$ であり，これは

$$\cos A = \frac{b^2+c^2}{4bc} = \frac{1}{4}\left(\frac{b}{c}+\frac{c}{b}\right) \qquad ①$$

と同値である．相加相乗不等式より，①の右辺は $\dfrac{1}{2}$ 以上だから，$\angle{\rm BAC} \leqq 60°$ となる．

したがって，$\angle{\rm BAC} > 60°$ のとき，題意を満たす $\triangle{\rm ABC}$ は存在しない．

$\angle{\rm BAC} = 60°$ のとき，

$$p = 0 \iff \frac{c}{b} = \frac{b}{c} \iff b = c \iff \triangle{\rm ABC} \text{ は正三角形}$$

である．

$\angle{\rm BAC} < 60°$ のとき，①を満たす $\dfrac{b}{c}$ の値はちょうど 2 個あるが，それらは互いに逆数なので，B と C を入れ替えれば，$\dfrac{b}{c}$ の値は一意的に定まる．したがって，①を満たす三角形は，相似なものを除いて，ただ 1 つである． □

第 5 章
三角形の外心と外接円

　三角形の外心や外接円を扱うときは、座標やベクトルを用いるより、ユークリッド幾何や、三角法が活躍することが多い。特に、円周角の定理、中心角の定理、正弦定理が基本になる。

　三角形 ABC の 3 頂点 A, B, C を通る円を三角形 ABC の **外接円** (circumcircle) といい、その中心を **外心** (circumcenter) という (図 1)。

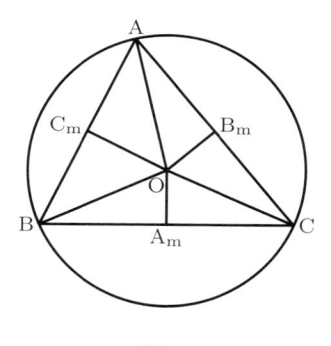

図 1

　△ABC の外心を O と書くことにする。O は 3 点 A, B, C を通る円の中心だから、$|OA| = |OB| = |OC|$ であり、△OBC, △OCA, △OAB は二等辺三角形である。したがって、O は △ABC の各辺の垂直二等分線の交点でもある。

　中心角の定理より、符号付き角度で考えて、
$$\angle BOC = 2\angle BAC$$
が成り立つ。外接円の半径 R については、正弦定理

$$\frac{a}{\sin A} = \frac{b}{\sin B} = \frac{c}{\sin C} = 2R$$

が基本になる．

　三角形の外心を扱うときは，座標やベクトルを用いると面倒になる理由は，3頂点の座標を使って外心の座標を表わすことが簡単ではないからである．3つの頂角の大きさが分かっていれば，外心の位置ベクトルは

$$\frac{\sin 2A \cdot \mathbf{a} + \sin 2B \cdot \mathbf{b} + \sin 2C \cdot \mathbf{c}}{\sin 2A + \sin 2B + \sin 2C}$$

で与えられる．しかし，この公式は，ほとんど役に立たない．むしろ，三角形の外心を，座標やベクトルを用いて扱いたいときは，外心を原点として座標を設定し，3頂点を，$A = (R\cos\theta_1, R\sin\theta_1)$, $B = (R\cos\theta_2, R\sin\theta_2)$, $C = (R\cos\theta_3, R\sin\theta_3)$ のように外接円上に置いて考えるほうが簡単である．

　なお，$A = (x_1, y_1)$, $B = (x_2, y_2)$, $C = (x_3, y_3)$ の場合，三角形 ABC の外接円の方程式は，大学 1 年で学習する行列式を用いて

$$\begin{vmatrix} x^2 + y^2 & x & y & 1 \\ x_1^2 + y_1^2 & x_1 & y_1 & 1 \\ x_2^2 + y_2^2 & x_2 & y_2 & 1 \\ x_3^2 + y_3^2 & x_3 & y_3 & 1 \end{vmatrix} = 0$$

と書ける．

　外心や外接円が関連する問題を初等幾何によって解く場合は，円の諸性質，たとえば，円周角の定理，方巾の定理などを用いて議論する場合が多い．外心に関連する問題には，いろいろなタイプのものがあり，難しいものも多い．次の例題は，相似変換を利用すると簡単に解ける．

例題 5.1　三角形 ABC の頂点 A から対辺 BC に下ろした垂線の足を A_h とする (図 2)．線分 AA_h を直径とする円と，辺 AB, AC の (A 以外の) 交点をそれぞれ D, E とする．三角形 ABC の外心は，三角形 ADE の頂点 A から対辺に下ろした垂線上またはその延長上に存在することを証明せよ．

(1996 年北欧数学オリンピック問 3)

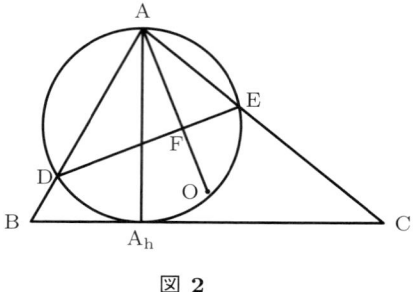

図 2

解答 A から DE に下ろした垂線の足を F とする．$\angle EDA = \angle EA_hA = 90° - \angle CA_hE = \angle ACB$ なので，$\triangle ABC \sim \triangle AED$ である．$\mathbb{R}^2$ は平面上の点全体の集合，$f\colon \mathbb{R}^2 \to \mathbb{R}^2$ は $\triangle ABC$ を $\triangle AED$ に変換するような相似変換とする．直線 PQ を $\overline{PQ}$ と書くことにすると，$f(\overline{AB}) = \overline{AE} = \overline{AC}$, $f(\overline{AC}) = \overline{AD} = \overline{AB}$, $f(\overline{AA_h}) = \overline{AF}$ である．相似変換 f は有向角の符号を反転させる (負の相似変換である) から，

$$\measuredangle DAA_h = -\measuredangle CAF = \measuredangle f(C)f(A)f(F) = \measuredangle DAf(F)$$

である．よって，$f(F)$ は半直線 AA_h 上にあり，$f(\overline{AF}) = \overline{AA_h}$ となる．

$\triangle ADE$ の外心 O' は線分 AA_h の中点であり，$\overline{AA_h}$ 上にあるから，$O = f^{-1}(O')$ は $f^{-1}(\overline{AA_h}) = \overline{AF}$ 上にある． □

—— 演習問題 5 ——

1. 鋭角三角形 ABC の外心を O とする．3 点 A, O, C を通る円を ω_1 とし，その中心を K とする．円 ω_1 と辺 AB, BC はそれぞれその内部の点 M, N で交わると仮定する．直線 MN に関し K と対称な点を L とするとき，$BL \perp AC$ であることを証明せよ．

(2000 年ロシア数学オリンピック 9 年生 5 次問 3)

2. $|AB| = |BC|$ である二等辺三角形 ABC において，角 C の二等分線と

AB の交点を C_b とする．三角形 ABC の外心を通り CC_b に垂直な直線と BC の交点を E とする．さらに，点 E を通り CC_b に平行な直線と AB の交点を F とする．このとき，$|BE| = |FC_b|$ であることを証明せよ．

(1996 年ロシア数学オリンピック 11 年 5 次生問 6)

3. 三角形 ABC において辺 AB の中点を C_m とし，E を線分 CC_m 上の点とする．点 E を通り，直線 AB と点 A で接する円を S_1 とし，円 S_1 と辺 AB の A 以外の交点を M とする．また，点 E を通り，直線 AB と点 B で接する円を S_2 とし，円 S_2 と辺 BC の B 以外の交点を N とする．このとき，三角形 CMN の外接円は，円 S_1, S_2 と接することを証明せよ．

(2000 年ロシア数学オリンピック 9 年生 5 次問 7)

4. 鋭角三角形 ABC において，その外接円の劣弧 $\stackrel{\frown}{BC}$ の中点を D とし，直線 BC に関し D と対称な点を E，三角形 ABC の外心 O に関し D と対称な点を F とする．また，線分 EA の中点を K とする．

（1） 三角形 ABC の各辺の中点を通る円は，点 K を通ることを証明せよ．

（2） 辺 BC の中点と K を通る直線は，直線 AF と垂直であることを証明せよ．

(1999 年バルカン数学オリンピック問 1)

5. 三角形 ABC は鋭角三角形で，外接円を ω，外心を O とする．頂点 A, B, C から対辺へ下ろした垂線の足をそれぞれ A_h, B_h, C_h とする．また，直線 $B_h C_h$ と ω の 2 交点を P, Q とする．

（1） AO ⊥ PQ であることを証明せよ．

（2） A_m を BC の中点とするとき，$|AP|^2 = 2|AA_h| \cdot |OA_m|$ が成り立つことを証明せよ．

(1999 年ラテンアメリカ数学オリンピック問 5)

—— 解答 ——

1. $\angle\mathrm{CBA} = \angle\mathrm{CNA} - \angle\mathrm{BAN} = \angle\mathrm{COA} - \angle\mathrm{MAN} = 2\angle\mathrm{CBA} - \frac{1}{2}\angle\mathrm{MKN}$ より, $\angle\mathrm{MKN} = 2\angle\mathrm{CBA}$ である (図 3). 四角形 LNKM は菱形だから, $\angle\mathrm{NLM} = \angle\mathrm{MKN} = 2\angle\mathrm{CBA} = 2\angle\mathrm{NBM}$ である.

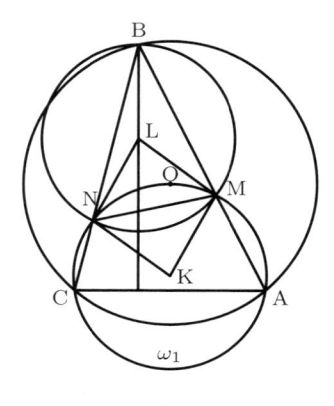

図 3

$\triangle\mathrm{BNM}$ の外心 L′ は, $\angle\mathrm{NL'M} = 2\angle\mathrm{NBM}, |\mathrm{L'M}| = |\mathrm{L'N}|$ で特徴づけられるから, $\mathrm{L} = \mathrm{L'}$, すなわち, L は $\triangle\mathrm{BNM}$ の外心である.

よって, $\angle\mathrm{MLB} = 2\angle\mathrm{MNB} = 2\angle\mathrm{BAC}$ となり,

$$\angle\mathrm{LBA} = 90° - \frac{1}{2}\angle\mathrm{MLB} = 90° - \angle\mathrm{BAC}$$

となる. よって, $\angle\mathrm{LBA} + \angle\mathrm{BAC} = 90°$ であり, $\mathrm{BL} \perp \mathrm{AC}$ であることがわかる. □

2. $\triangle\mathrm{ABC}$ の外心を O, 内心を I とする (図 4). $\mathrm{I} = \mathrm{BO} \cap \mathrm{CC_b}$ である.

$$\angle\mathrm{IOE} \equiv \angle\mathrm{BOE} \equiv \angle\mathrm{ACC_b} \equiv \angle\mathrm{ICE} \pmod{180°}$$

より, 4 点 O, I, C, E は同一円周上にある. したがって,

$$\angle\mathrm{BIE} \equiv \angle\mathrm{OIE} \equiv \angle\mathrm{OCE} \equiv \angle\mathrm{EBO} \pmod{180°}$$

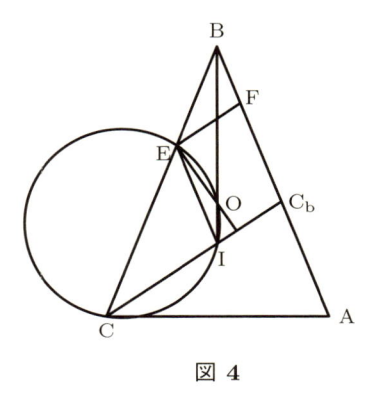

図 4

であり，△EIB は $|EB| = |EI|$ の二等辺三角形であることがわかる．

また，$\angle BIE = \angle EBI = \angle IBA$ なので，IE ∥ AB である．したがって，$FEIC_b$ は平行四辺形で，$|FC_b| = |EI| = |BE|$ である． □

3. 円 S_1 と直線 CC_m の E 以外の交点を F とする (図 5)．ただし，S_1 が CC_m と接する場合には F = E とする．方巾の定理により，$|C_mB|^2 = |C_mA|^2 = |C_mE| \cdot |C_mF|$ なので方巾の定理の逆により，円 S_2 も点 F を通る．再び方巾の定理により，$|CA| \cdot |CM| = |CE| \cdot |CF| = |CB| \cdot |CN|$ なので，△CMN ≡ △CBA である．よって，$\angle CNM = \angle BAC$ である．

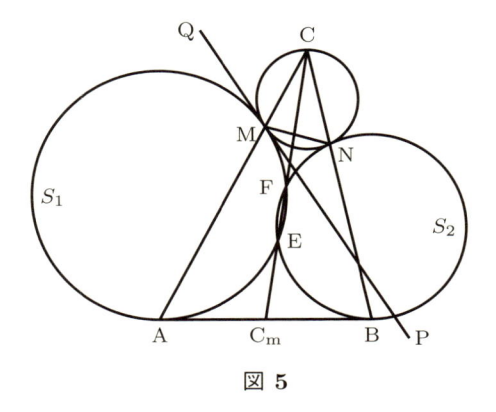

図 5

点 M における円 S_1 の接線を図 5 のように PQ とする．接弦定理により，

$\angle \mathrm{AMP} = \angle \mathrm{BAC}$ である．したがって，$\angle \mathrm{CMQ} = \angle \mathrm{AMP} = \angle \mathrm{BAC} = \angle \mathrm{CNM}$ であり，接弦定理の逆により，直線 PQ は $\triangle \mathrm{CMV}$ の外接円 $\varGamma$ に接する．したがって，$\varGamma$ と S_1 は接する．同様に，$\varGamma$ と S_2 も接する． □

4.（1） $\triangle \mathrm{ABC}$ の重心を G とする（図 6）．線分 BC と DE はそれぞれの中点 $\mathrm{A_m}$ で交わるので，

$$\overrightarrow{\mathrm{OG}} = \frac{\overrightarrow{\mathrm{OA}} + \overrightarrow{\mathrm{OB}} + \overrightarrow{\mathrm{OC}}}{3} = \frac{\overrightarrow{\mathrm{OA}} + \overrightarrow{\mathrm{OD}} + \overrightarrow{\mathrm{OE}}}{3}$$

である．したがって，G は $\triangle \mathrm{ADE}$ の重心である．

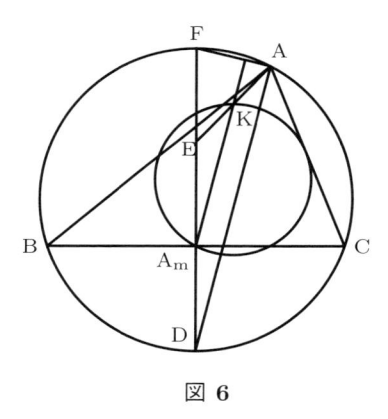

図 6

今，点 G に関する対称移動を行い，G を中心に $\frac{1}{2}$ に縮小する変換を $f \colon \mathbb{R}^2 \to \mathbb{R}^2$ とする．G を原点として座標を設定すれば，$f(x, y) = \left(-\frac{x}{2}, -\frac{y}{2}\right)$ である．このとき，$f(\mathrm{A}) = \mathrm{A_m}$, $f(\mathrm{B})$, $f(\mathrm{C})$ はそれぞれ辺 BC, CA, AB の中点であり，$f(\mathrm{D}) = \mathrm{K}$ である．4 点 A, B, C, D は外接円 ω 上にあるから，4 点 $f(\mathrm{A})$, $f(\mathrm{B})$, $f(\mathrm{C})$, $f(\mathrm{D})$ は円 $f(\omega)$ 上にある．

（2） $\mathrm{A_m}$, K はそれぞれ線分 DE, AE の中点だから，$\triangle \mathrm{AED}$ に中点連結定理を用いると，$\mathrm{KA_m} \parallel \mathrm{AD}$ である．他方，線分 DF は外接円 ω の直径なので，$\angle \mathrm{FAD} = 90°$ である．したがって，$\mathrm{KA_m} \perp \mathrm{AF}$ である． □

第 5 章　三角形の外心と外接円

5. （1）　$J = AO \cap B_h C_h$, $\triangle ABC$ の垂心を H とする (図 7). 四角形 $AC_h HB_h$, $BA_h HC_h$, $CB_h HA_h$ は円に内接するので,

$$\angle B_h C_h A = \angle B_h HA = \angle BHA_h = 90° - \angle A_h BH = \angle ACB$$

である. また, $\angle BAO = \dfrac{1}{2}(180° - \angle AOB) = 90° - \angle ACB$ であるので, $\triangle AC_h J$ は $\angle AJC_h = 90°$ の直角三角形である. よって, $AO \perp PQ$ である.

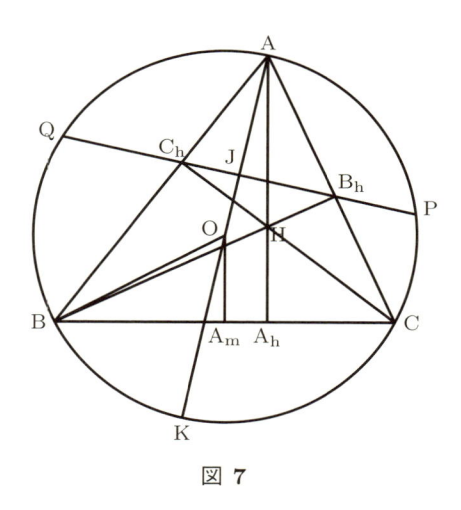

図 7

（2）　点 O に関する A の対称点を K とする. $\triangle AJP \backsim \triangle APK$ より $|AP|^2 = |AJ| \cdot |AK|$ である. $\angle JC_h A = \angle ACB = C$ に注意すると,

$$|AJ| = |AC_h| \sin C = |AC| \cos A \sin C = |AA_h| \cos A$$

$$|OA_m| = |BO| \cos \angle BOA_m = R \cos A$$

が得られる. よって,

$$2|AA_h| \cdot |OA_m| = 2 \cdot \frac{|AJ|}{\cos A} \cdot R \cos A = |AJ| \cdot 2R = |AJ| \cdot |AK| = |AP|^2$$

が得られる.　□

第6章
三角形の垂心とオイラー線

● **垂心**

　三角形の各頂点から対辺に下ろした垂線 (altitudes) は 1 点で交わる．この交点を**垂心** (orthocenter) という．つまり，"The orthocenter is the intersection of the altitudes." である．垂心について『原論』には記述がないが，アルキメデスは知っていたらしい．

　三角形の各頂点から対辺に下ろした垂線が 1 点で交わることは，次のようにして簡単に証明できる．

　三角形 ABC の頂点 A から対辺 BC に下ろした垂線の足を A_h とし，同様に，B, C から対辺に下ろした垂線の足をそれぞれ B_h, C_h とする (図 1)．また，三角形 ABC の外側に，3 点 A_s, B_s, C_s を，

$$\triangle ABC \equiv \triangle A_s CB \equiv \triangle CB_s A \equiv \triangle BAC_s$$

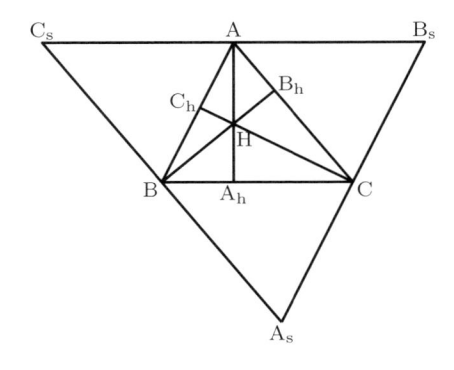

図 1

第 6 章 三角形の垂心とオイラー線

となるようにとる．

すると，直線 AA_h は線分 B_sC_s の垂直二等分線である．同様に，直線 BB_h は線分 C_sA_s の垂直二等分線であり，直線 CC_h は線分 A_sB_s の垂直二等分線である．すると，3 直線 AA_h, BB_h, CC_h は三角形 $A_sB_sC_s$ の 3 辺の垂直二等分線であり，それらは三角形 $A_sB_sC_s$ の外心で交わる．この点が，三角形 ABC の垂心である．

垂心に関する問題を解く場合には，上のような三角形 $A_sB_sC_s$ を作図して，その外心として考えることが有効になる場合が少なくない．また，垂心は，座標やベクトルを用いて扱うと簡単な場合も多い．

後で述べるように，三角形 $A_hB_hC_h$ を三角形 ABC の**垂足三角形**というが，三角形 ABC の垂心は，その垂足三角形 $A_hB_hC_h$ の内心と一致する．しかし，内心のほうが垂心より取り扱いが難しいので，三角形 ABC の垂心を考察する上で，このことはあまり役に立たない．

垂心 H の位置ベクトルは，

$$\frac{\tan A \cdot \mathbf{a} + \tan B \cdot \mathbf{b} + \tan C \cdot \mathbf{c}}{\tan A + \tan B + \tan C}$$

と書けるが，この公式もあまり役に立たない．

例題 6.1 三角形 ABC の垂心を H とするとき，三角形 AHB, BHC, CHA, ABC の外接円の半径は等しいことを証明せよ．

解答 三角形 ABC, AHB, BHC, CHA, ABC の外接円の半径をそれぞれ R, R_1, R_2, R_3 とする．正弦定理より，

$$R = \frac{|AB|}{2\sin\angle ACB}, \quad R_1 = \frac{|AB|}{2\sin\angle AHB}$$

である．$\angle AHB = 180° - \angle ACB$ だから，$R = R_1$ となる．同様に，$R = R_2$，$R = R_3$ なので，$R_1 = R_2 = R_3 = R$ となる． □

例題 6.2 三角形 ABC の垂心 H と，辺 BC, CA, AB に関して対称な点は，三角形 ABC の外接円上にあることを証明せよ．

解答 $\angle AHB = 180° - \angle ACB$ に注意する．H と AB に関して対称な点を H_C とする．$\angle BH_CA = \angle AHB$ だから，$\angle BH_CA + \angle ACB = 180°$ である．よって，H_C は三角形 ABC の外接円上にある．他の 2 点も同様である． □

● オイラー線

定理 6.3 (オイラーの定理) 　三角形の垂心 H，重心 G，外心 O は同一直線上にあり，$|OG| : |GH| = 1 : 2$ である (図 2)．この直線 OH を**オイラー線**という．ベクトルで表わせば

$$\overrightarrow{OH} = 3\overrightarrow{OG} = \overrightarrow{OA} + \overrightarrow{OB} + \overrightarrow{OC}$$

である．

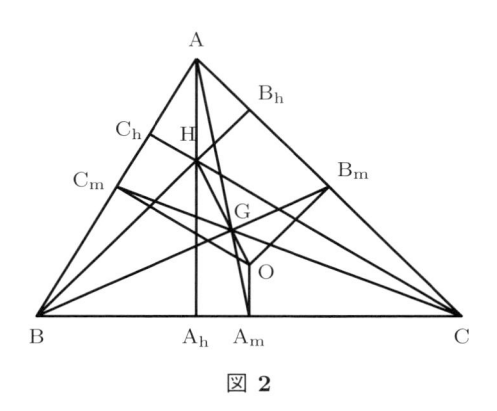

図 2

証明 　$\mathbf{x} = 3\overrightarrow{OG} - \overrightarrow{OH} = \overrightarrow{OA} + \overrightarrow{OB} + \overrightarrow{OC} - \overrightarrow{OH}$ とおき，$\mathbf{x} = \mathbf{0}$ であることを証明する．

HA ⊥ BC より，$\overrightarrow{HA} \cdot \overrightarrow{BC} = 0$ である．よって，

$$\begin{aligned}
\mathbf{x} \cdot \overrightarrow{BC} &= (\overrightarrow{OA} + \overrightarrow{OB} + \overrightarrow{OC} - \overrightarrow{OH}) \cdot \overrightarrow{BC} = (\overrightarrow{HA} + \overrightarrow{OB} + \overrightarrow{OC}) \cdot \overrightarrow{BC} \\
&= (\overrightarrow{OB} + \overrightarrow{OC}) \cdot \overrightarrow{BC} = (\overrightarrow{OB} + \overrightarrow{OC}) \cdot (\overrightarrow{OC} - \overrightarrow{OB}) \\
&= |\overrightarrow{OC}|^2 - |\overrightarrow{OB}|^2 = 0
\end{aligned}$$

ここで，$|OB| = |OC|$ を用いた．同様に，$\mathbf{x} \cdot \overrightarrow{CA} = 0$ も証明できる．ベクトル $\overrightarrow{BC}$ と $\overrightarrow{CA}$ は一次独立で，$\mathbf{x}$ を BC，CA に正射影したベクトルがいずれもゼロベクトルなのだから，$\mathbf{x} = \mathbf{0}$ である． □

―――― 演習問題 6 ――――

1. $A_1A_2A_3A_4$ は円に内接する四角形で，点 H_1, H_2, H_3, H_4 はそれぞれ三角形 $A_2A_3A_4, A_3A_4A_1, A_4A_1A_2, A_1A_2A_3$ の垂心とする．このとき四角形 $A_1A_2A_3A_4$ と $H_1H_2H_3H_4$ は相似であることを証明せよ．

(1984 年バルカン数学オリンピック問 2)

2. 三角形 ABC の外心を O，垂心を H，外接円の半径を R とする．このとき $|OH| < 3R$ であることを証明せよ．

(1994 年アジア太平洋数学オリンピック問 2)

3. 三角形 ABC の頂点 A, B, C から対辺へ下ろした垂線の足をそれぞれ A_h, B_h, C_h とし，線分 AA_h, BB_h, CC_h の中点をそれぞれ A_2, B_2, C_2 とする．このとき，

$$\angle C_2A_hB_2 + \angle A_2B_hC_2 + \angle B_2C_hA_2$$

の値を求めよ．

(1995 年ロシア数学オリンピック 9 年生 5 次問 6)

4. 凸四角形 ABCD の対角線の交点を P とする．△PAB, △PCD の重心を結ぶ直線と，△PBC, △PDA の垂心を結ぶ直線は，直交することを証明せよ．

(1972 年ソ連数学オリンピック 10 年生問 3)

5. 3 点 M, N, H が与えられているとき，三角形 ABC を，M が辺 AB の中点，N が辺 AC の中点，H が三角形 ABC の垂心となるように，三角形 ABC を 1 つ作図せよ (作図の正当性も証明すること)．

(1991 年ラテンアメリカ数学オリンピック問 6)

6. 正三角形でない鋭角三角形 ABC の頂点 A, B, C から対辺に下ろした垂線の足をそれぞれ A_h, B_h, C_h とする．また，三角形 $A_h B_h C_h$ の内接円と辺 $B_h C_h$, $C_h A_h$, $A_h B_h$ の接点をそれぞれ A_1, B_1, C_1 とする．このとき，三角形 ABC と $A_1 B_1 C_1$ のオイラー線は一致することを証明せよ．

(1990 年バルカン数学オリンピック問 3)

——— 解答 ———

1. 四角形 $A_1 A_2 A_3 A_4$ の外接円の中心を O とし，$\triangle A_2 A_3 A_4$, $\triangle A_3 A_4 A_1$, $\triangle A_4 A_1 A_2$, $\triangle A_1 A_2 A_3$ の重心を G_1, G_2, G_3, G_4 とすればオイラーの定理より，$\overrightarrow{OH_i} = 3\overrightarrow{OG_i}$ である．よって，四角形 $H_1 H_2 H_3 H_4$ は O を中心として $G_1 G_2 G_3 G_4$ を 3 倍に相似拡大したものである．

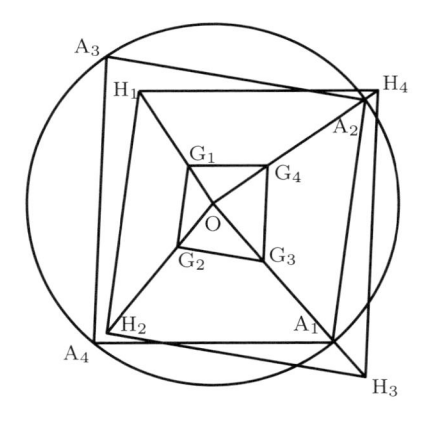

図 3

G を $\overrightarrow{OG} = \dfrac{1}{4}\sum_{i=1}^{4} \overrightarrow{OA_i}$ で定まる点とする．

$$\overrightarrow{GG_i} = \overrightarrow{OG_i} - \overrightarrow{OG}$$
$$= \dfrac{1}{3}\sum_{j \neq i} \overrightarrow{OA_j} - \overrightarrow{OG} = \dfrac{1}{3}(4\overrightarrow{OG} - \overrightarrow{OA_i}) - \overrightarrow{OG} = -\dfrac{1}{3}\overrightarrow{GA_i}$$

である．したがって，$A_1 A_2 A_3 A_4 \infty G_1 G_2 G_3 G_4$ である． □

2. $\triangle ABC \equiv \triangle A_sCB \equiv \triangle CB_sA \equiv \triangle BAC_s$ となるように,$\triangle A_sB_sC_s$ を描く (図 4).

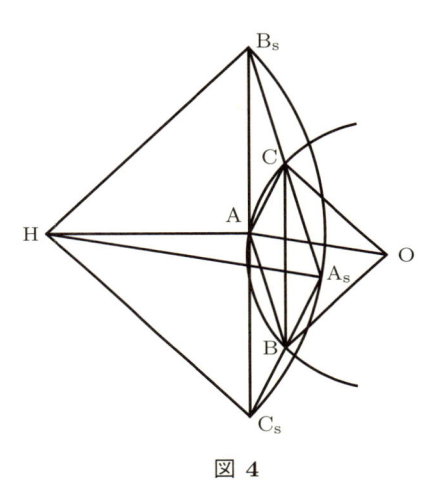

図 4

H は $\triangle A_sB_sC_s$ の外心であり,$\triangle ABC \infty \triangle A_sB_sC_s$ で,相似比は $1:2$ だから,$\triangle A_sB_sC_s$ の外接円の半径は $2R$ である.よって,$|C_sH| = 2R$ である.$\triangle AC_sH$ は $\angle C_sAH = 90°$ の直角三角形だから,$|AH| < |C_sH| = 2R$ である.$\triangle AOH$ に三角不等式を用いると,$|AO| = R$ に注意して,

$$|OH| \leq |AH| + |AO| < 2R + R = 3R$$

が得られる (なお,定理 8.2 (1) を参照せよ). □

3. $\triangle ABC$ の垂心を H とし,BC, CA, AB の中点を A_m, B_m, C_m とする (図 5).$A_2 = AA_h \cap B_mC_m$,$B_2 = BB_h \cap C_mA_m$ である.

$\angle HA_2C_m = \angle HB_2C_m = 90°$ だから,C_mH を直径とする円 ω は,点 A_2,B_2 を通る.また,$HC_h \perp C_hC_m$ だから,ω は C_h も通る.円周角の定理から,$\angle B_2C_hA_2 = \angle B_2C_mA_2 = \angle A_mC_mB_m$ である.

同様に考えると,$\angle C_2A_hB_2 + \angle A_2B_hC_2 + \angle B_2C_hA_2$ は $\triangle A_mB_mC_m$ の内角の和に等しく,$180°$ である. □

図 5

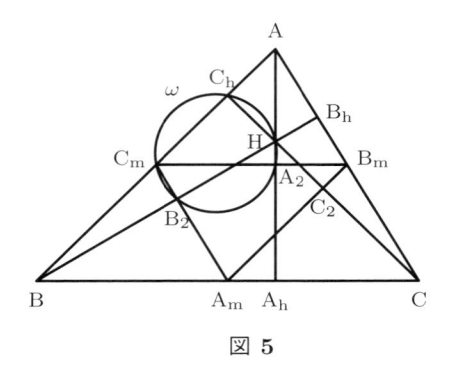

注 $\triangle A_m B_m C_m \backsim \triangle ABC$ だから,$\angle C_2 A_h B_2 = \angle B_m A_m A_m = \angle A$ である.

4. $\triangle PAB, \triangle PBC, \triangle PCD, \triangle PDA$ の垂心をそれぞれ K, L, M, N, 重心をそれぞれ K′, L′, M′, N′ とする (図 6).3 点 B, K, L は同一直線上にあり,$KL \perp AC$ である.同様に $NM \perp AC$ で $KL \parallel NM \perp AC$ である.同様に $LM \parallel KN \perp BD$ である.また $K'L' \parallel AC \parallel N'M'$, $L'M' \parallel BD \parallel K'N'$ であり,$|K'L'| = |N'M'| = \dfrac{1}{3}|AC|, |L'M'| = |K'N'| = \dfrac{1}{3}|BD|$ である.

線分 KL の BD への正射影は,線分 AC の BD への正射影と一致するので,

$$|KL| \cos \angle PBK = |AC| \cos \angle APB$$

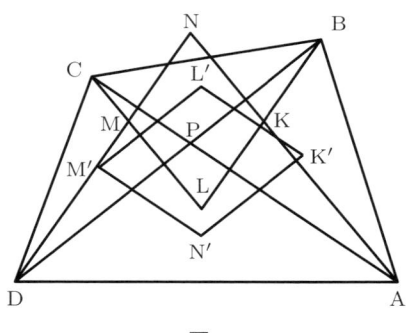

図 6

である．同様に，$|LM|\cos\angle MCP = |BD|\cos\angle APB$ で，(符号付き角度で考えて) $\angle PBK = 90° - \angle PBA = \angle MCP$ なので，

$$|KL| : |LM| = |AC| : |BD| = |K'L'| : |L'M'|$$

を得る．したがって，四角形 KLMN, L'K'N'M' は相似な平行四辺形で，KL ⊥ L'K' だから，KM ⊥ L'N' がわかる． □

5. 作図法は次の通りである (図 7).

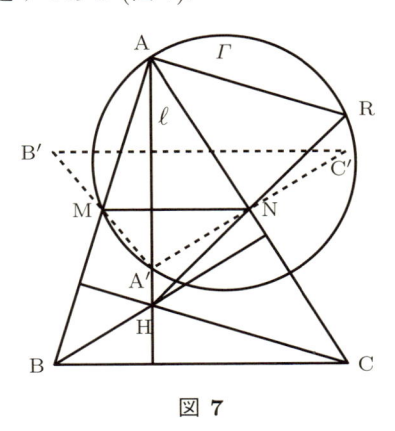

図 7

(1) 点 N に関し H と対称な点 R を作図する．

(2) H を通り，直線 MN に垂直な直線 ℓ を描く．

(3) 線分 MR を直径とする円 $\varGamma$ を描き，ℓ との 2 交点のうち，任意の一方を A とする．

(4) 点 M に関し A と対称な点を B，点 N に関し A と対称な点を C とすれば，求める三角形 ABC が得られる．

この作図の正当性を示す．題意を満たす △ABC があったとき，(1) を満たす点 R をとると，線分 AC と HR がそれらの中点 N で交わるので，四角形 AHCR は平行四辺形になる．CH ⊥ AB, RA // CH より，$\angle MAR = 90°$ である．したがって，A は線分 MR を直径とする円 $\varGamma$ 上にある．また，MN // BC, AH ⊥ BC だから，A は ℓ 上にある．したがって，A は (3) のようにし

て作図できる．M, N は線分 AB, AC の中点だから，B, C は (4) のように作図できる． □

6. $\triangle ABC$ の垂心 H はその垂足三角形 $A_h B_h C_h$ の内心である (定理 3.10, 定理 7.1 参照)．したがって，H は $\triangle A_1 B_1 C_1$ の外心である (図 8).

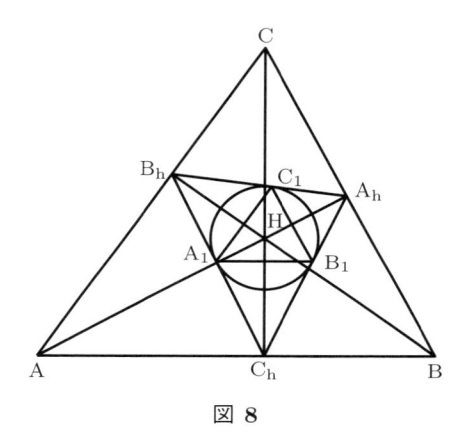

図 8

$|A_h B_1| = |A_h C_1|$ より，$AA_h \perp B_1 C_1$ である．これより，$BC /\!/ B_1 C_1$ がわかる．同様に，$CA /\!/ C_1 A_1$，$AB /\!/ A_1 B_1$ だから，$\triangle ABC \backsim \triangle A_1 B_1 C_1$ である．この相似の中心を P とすると，3 直線 AA_1, BB_1, CC_1 は 1 点 P で交わる．$\triangle ABC$ の外心を O，$\triangle A_1 B_1 C_1$ の垂心を H_1 とすると，H は $\triangle A_1 B_1 C_1$ の外心だから，O, H, P は同一直線上にあり，H, H_1, P も同一直線上にある．したがって，$\triangle ABC$ と $\triangle A_1 B_1 C_1$ のオイラー線は一致する． □

第 7 章
三角形の内心と傍心

　三角形の内心を，座標やベクトルで扱うことは困難であり，ユークリッド幾何的手法で扱わなければならない場合が大半である．そのため，重心，外心，垂心に比べて内心や傍心の問題は難しいものが多い．

　傍心は，解析幾何学的には，内心とほとんど同じ性質を持つ．なぜなら，内接円も傍接円も，3 直線 BC, CA, AB に接する円だからである．そのため，内心に関する問題を解くときに，傍心や傍接円を利用すると，簡単に解けることもある．

　第 3 章で述べたように，3 直線 AB, BC, CA に接する 4 個の円のうち，三角形内にある円を**内接円** (incircle) といい，三角形外にある 3 個の円を**傍接円** (excircle) という．内接円の中心を**内心** (incenter)，傍接円の中心を**傍心** (excenter) という．内接円の半径を英語では inradius という．

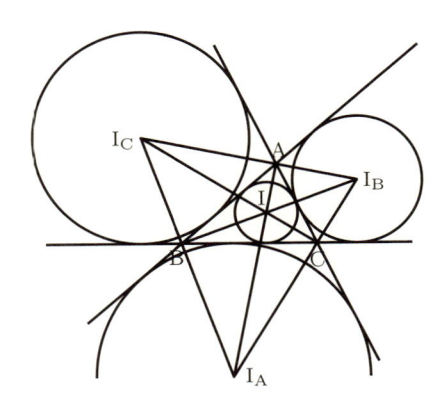

図 1

内心を I,内接円と BC, CA, AB との接点を,それぞれ A_i, B_i, C_i とする.また,辺 (線分) BC に接する傍接円の中心を I_A と書くことにする.I_B, I_C も同様とする.$|IA_i| = |IB_i| = |IC_i| = r$ なので,$\triangle AIB_i \equiv \triangle AIC_i$ である.よって,$\angle B_i AI = \angle IAC_i$ であり,直線 AI は内角 CAB の二等分線である.したがって,内心は,3 つの頂角の二等分線の交点である.

同様に,AI_B, AI_C は頂角 A の外角の二等分線である.よって,3 点 I_B, A, I_C は同一直線上にある.

- **角度に関する基本性質**

以下の関係式は,簡単に導くことができる.

$$\angle BIC = 90° + \frac{1}{2}\angle BAC$$

$$\angle I_A BI = \angle ICI_A = 90°$$

$$\angle CI_A B = 90° - \frac{1}{2}\angle BAC$$

また,AI_A は三角形 ABC の頂角 A の内角の二等分線,AI_B は頂角 A の外角の二等分線だから,$\angle I_A AI_B = 90°$ である.よって,$A_I A \perp I_B I_C$ である.同様にして,

$$A_I A \perp I_B I_C, \quad B_I B \perp I_C I_A, \quad C_I C \perp I_A I_B$$

がわかる.つまり,三角形 ABC の内心は,傍心三角形 $I_A I_B I_C$ の垂心であり,$\triangle ABC$ は傍心三角形 $I_A I_B I_C$ の垂足三角形である.

このことを,三角形 $I_A I_B I_C$ の立場から見ると次の定理の前半が導かれる (後半も簡単に証明できる).

定理 7.1 鋭角三角形の垂心はその垂足三角形の内心と一致する.また,鈍角三角形の垂心はその垂足三角形の 1 つの傍心である.

- **内心と傍心の相互関係**

図 2 のように,I_A を中心とする傍接円と,直線 BC, CA, AB との接点を,それぞれ A_e, B_A, C_A とする.また,直線 $A_i I$ と内接円の (A_i 以外の) 交点を

第 7 章 三角形の内心と傍心

図 2

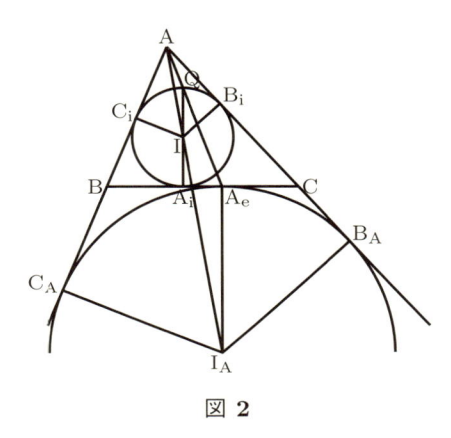

Q とする．I_A を中心とする傍接円の半径を r_A，内接円の半径を r とし，$s = \dfrac{a+b+c}{2}$ とする．

内接円を点 A を中心として $\dfrac{r_A}{r}$ 倍に相似拡大すると，I_A を中心とする傍接円になる．内接円上の点 Q は，この相似拡大によって，傍接円上の点 A_e に移るから，3 点 A, Q, A_e は一直線上にあり，$|AQ| : |AA_e| = r : r_A$ である．これと，定理 3.11 より，次の定理が得られる．

定理 7.2 直線 A_iI と内接円の A_i 以外の交点を Q とする．すると，直線 AQ と辺 BC の交点は A_e に一致する．また，線分 A_iA_e の中点は辺 BC の中点と一致する．

例題 7.3 三角形 ABC の内接円と辺 BC の接点を A_i とする．BC の中点 A_m と内心 I を結ぶ直線は線分 AA_i を二等分することを証明せよ (図 3)．

(1968 年ソ連数学オリンピック 10 年生問 7)

解答 $D = A_mI \cap A_iA$ とする．定理 7.2 より A_m は A_iA_e の中点なので，$\triangle QA_eA_i$ に中点連結定理を適用して $A_eQ \mathbin{/\mkern-5mu/} A_mI$ がわかり，D が AA_i の中点であることがわかる． □

図 3

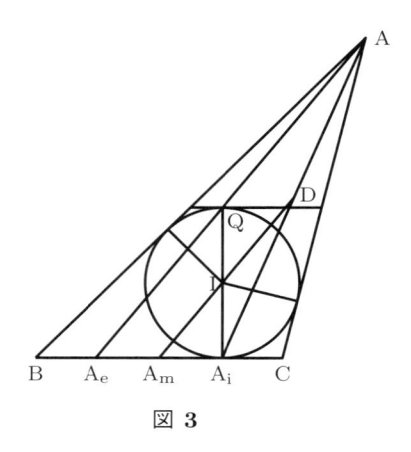

● 内心と外接円の相互関係

次の定理は，内心と外接円の関係として，よく問題を作るときに利用される．

定理 7.4 三角形 ABC の外接円の弧 $\overparen{BC}$, $\overparen{CA}$, $\overparen{AB}$ の中点をそれぞれ A_c, B_c, C_c とする (図 4). また，$P = AB \cap C_cA_c$, $Q = CA \cap A_cB_c$ とする．このとき，$PQ \mathbin{/\!/} BC$ で，PQ は内心 I を通る．

また，$K = BC \cap C_cA_c$ とするとき，四角形 IPBK は菱形である．

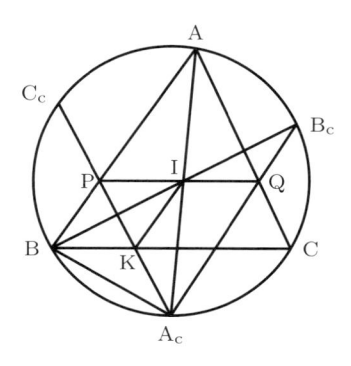

図 4

(1997 年バルト海団体数学コンテスト問 15, 1965 年ソ連数学オリンピック 8 年生問 3, 1977 ソ連数学オリンピック 8 年生問 3 など)

証明 $I = AA_c \cap BB_c$ である．弧 $\overgroup{B_cC_c}$ と弧 $\overgroup{BA_c}$ の長さの和は円周の半分だから，

$$\angle B_cA_cC_c + \angle BB_cA_c = 90°$$

であり，よって $BB_c \perp C_cA_c$ である．また，BB_c は角 CBA の二等分線なので，点 P と K は直線 BB_c に関して対称である．A_cC_c は角 AA_cB の二等分線なので，点 B と I は直線 A_cC_c に関して対称である．したがって，四角形 IPBK は菱形である．よって，BK // PI，すなわち BC // PI である．

同様な理由で，BC // IQ であるので，3 点 P, I, Q は同一直線上にあることがわかる．また，BC // PQ である． □

―――― 演習問題 7 ――――

1. 三角形 ABC の内心を I，辺 BC の中点を A_m，A から対辺に下ろした垂線の足を A_h とする．また，$E = A_mI \cap AA_h$ とする．このとき，$|AE|$ は内接円の半径に等しいことを証明せよ．

(1970 年ソ連数学オリンピック 10 年生問 1)

2. 三角形 ABC の内接円 ω が辺 BC, AC と接する点をそれぞれ A_i, B_i とする．また，D, E はそれぞれ辺 BC, AC 上の点で，$|CD| = |BA_i|$，$|CE| = |AB_i|$ を満たす点とする．さらに，$P = AD \cap BE$ とする．内接円 ω は線分 AD と 2 点で交わっていて，そのうち A に近いほうの点を Q とする．このとき，$|AQ| = |DP|$ であることを証明せよ．

(2001 年アメリカ数学オリンピック問 2)

3. (1) 三角形 ABC の傍心を図 1 のように I_A, I_B, I_C とするとき，I_A から BC に引いた垂線，I_B から CA に引いた垂線，I_C から AB に引いた垂線は 1 点で交わることを証明せよ．

(2) 上の交点は三角形 $I_AI_BI_C$ の外心 O' と一致し，三角形 ABC の外心を O，内心を I とするとき，O は線分 IO' の中点であることを証明せよ．

4. 三角形 ABC の内心を I とする．I を中心とした円が辺 BC と 2 点 D, P で交わり（ただし |BD| < |BP|），辺 CA と 2 点 E, Q で交わり（ただし |CE| < |CQ|），辺 AB と 2 点 F, R で交わっている（ただし |AF| < |AR|）．また，四角形 EQFR の対角線の交点を S，四角形 FRDP の対角線の交点を T，四角形 DPEQ の対角線の交点を U とする．このとき，三角形 FRT, DPU, EQS の外接円は 1 点で交わることを証明せよ．

(1997 年ラテンアメリカ数学オリンピック問 2)

5. 定理 7.4 を参考にして以下の各問に答えよ．

（1） 1 つの円の中に 2 つの三角形 T_1, T_2 が内接していて，T_1 の各頂点は，T_2 の 3 頂点で 3 分された各弧の中点である．T_1 と T_2 が重なった部分の 6 角形を考える．この 6 角形の主対角線は T_2 のある辺に平行で，3 本の主対角線は 1 点で交わることを証明せよ．

(1977 年ソ連数学オリンピック 9 年生問 1，10 年生問 1)

（2） 三角形 ABC の外接円の弧 $\widehat{BC}$, $\widehat{CA}$, $\widehat{AB}$ の中点をそれぞれ A_c, B_c, C_c とする．S_1 は B_c を中心とし直線 CA に接する円，S_2 は C_c を中心とし直線 AB に接する円とする．このとき，三角形 ABC の内心 I は，S_1 と S_2 のある共通外接線上にあることを証明せよ．

(1999 年ロシア数学オリンピック 5 次 9 年生問 3)

（3） 三角形 ABC の内接円が，辺 AB, BC, CA と接する点をそれぞれ C_i, A_i, B_i とする．三角形 AC_iB_i, BA_iC_i, CB_iA_i の内接円のうち任意の 2 つの円に対し，三角形 ABC の辺上にないほうの共通外接線を描くと，この 3 本の共通外接線は 1 点で交わることを証明せよ．

(1999 年ロシア数学オリンピック 5 次 10 年生問 3)

（4） 三角形 AC_iB_i, BA_iC_i, CB_iA_i の内心をそれぞれ I_1, I_2, I_3 とする．このとき，3 直線 I_1A_i, I_2B_i, I_3C_i は 1 点で交わることを証明せよ．

(1994 年バルト数学オリンピック問 12)

第 7 章 三角形の内心と傍心

―― 解答 ――

1. 例題 7.3 と同じ記号を用いる (図 5). 例題 7.3 の解答で示したように, $QA = A_eQ /\!/ A_mI = IE$ である. したがって, 四角形 AQIE は平行四辺形である. ゆえに $|AE| = |QI|$ で, $|AE|$ は内接円の半径に等しい. □

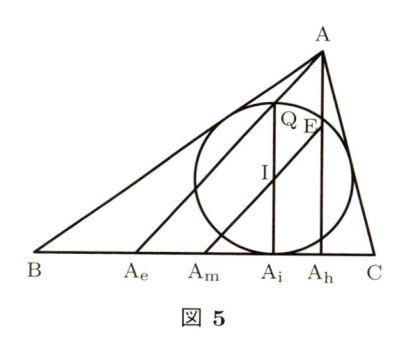

図 5

2. $D = A_e, E = B_e$ である (図 6). 定理 7.2 の証明における考察と定理 3.12 より,

$$|AQ| : |AD| = r : r_A = (b+c-a) : (a+b+c)$$

である. 他方, $\triangle ADC$ と直線 BE にメネラウスの定理を用いると,

$$\frac{|AP|}{|PD|} \cdot \frac{|DB|}{|BC|} \cdot \frac{|CE|}{|EA|} = 1$$

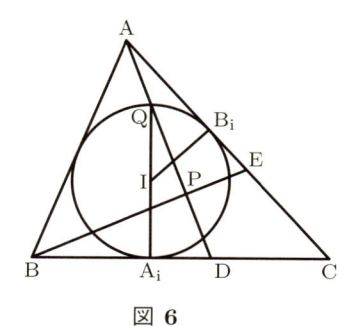

図 6

である．$|EA| = |CB_i|$, $|CE| = |AB_i|$, $|DB| = |CA_i| = |CB_i|$ より，

$$\frac{|AP|}{|PD|} = \frac{|BC|}{|DB|} \cdot \frac{|EA|}{|CE|} = \frac{|BC| \cdot |CB_i|}{|CB_i| \cdot |AB_i|} = \frac{|BC|}{|AB_i|} = \frac{2a}{b+c-a}$$

を得る．これより，

$$|PD| : |AD| = (b+c-a) : (a+b+c) = |AQ| : |AD|$$

が得られ，$|AQ| = |DP|$ が証明される． □

3. (1) I_A から BC に下ろした垂線の足を A_e とし，B_e, C_e も同様とする (図 7)．$J = I_A A_e \cap I_B B_e$ とおく．$I_A I_B$ は外角 C の二等分線なので，

$$\angle CI_A J = \frac{\angle ACB}{2} = \angle JI_B C$$

である．よって，$\triangle JI_A I_B$ は $|JI_A| = |JI_B|$ の二等辺三角形である．特に，J は線分 $I_A I_B$ の垂直二等分線上にある．

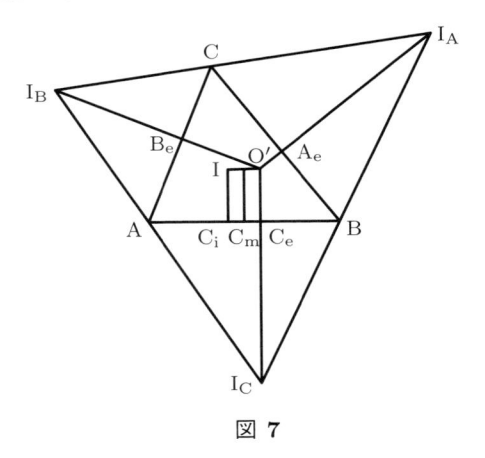

図 7

同様に，直線 $I_B B_e$ と $I_C C_e$ は線分 $I_B I_C$ の垂直二等分線上の点 J' で交わる．ところで，$I_A I_B$ の垂直二等分線と $I_B I_C$ の垂直二等分線の交点は $\triangle I_A I_B I_C$ の外心 O' であるから，$J = J' = O'$ である．よって，3 直線 $I_A A_e, I_B B_e, I_C C_e$ は $\triangle I_A I_B I_C$ の外心 O' で交わる．

（2） $\triangle$ABC の内接円と辺 AB の接点を C_i とする．定理 7.2 より，AB の中点 C_m は線分 C_iC_e の中点である．点 C_i, C_m, C_e は I, O, O' の直線 AB への正射影である．I, O, O' を辺 BC, CA に正射影しても，O の正射影は I の正射影と O' の正射影の中点なので，O は IO' の中点である． $\square$

4. $\triangle$EQS の外接円が内心 I を通ることを証明する (図 8)．

図 8

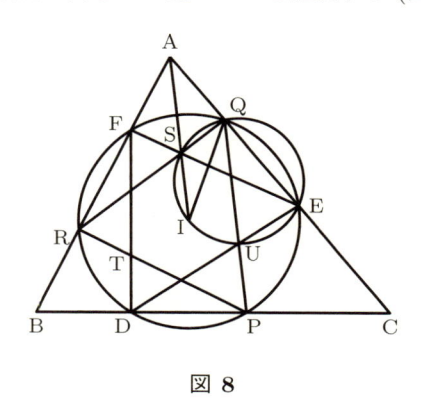

内心 I から直線 BC, CA, AB までの距離は等しく，$|IE| = |IQ| = |IF| = |IR|$ なので，点 Q と F，点 E と R は直線 AI に関し対称である．したがって，EF と RQ も AI について対称で，その交点 S は AI 上にある．また，

$$\angle QIS = \frac{1}{2}\angle QIF = \angle QEF = \angle QES$$

である．したがって，4 点 E, Q, S, I は同一円周上にある．

同様に，$\triangle$FRT, $\triangle$DPU の外接円も I を通り，3 円は 1 点 I で交わる． $\square$

5. （1） 定理 7.4 において，$\triangle$ABC を T_2 とすると，T_1 は $\triangle A_cB_cC_c$ になる．T_2 の内心を I とする．6 角形 $T_1 \cap T_2$ の主対角線，たとえば PQ は BC と平行であり，これらは I を通る．

（2） 点 B と I は直線 A_cC_c に関して対称だから，$\triangle C_cBI$ は $|C_cB| = |C_cI|$ の二等辺三角形である．$P = AB \cap C_cA_c$, $Q = CA \cap A_cB_c$, 点 C_c から直線

図 9

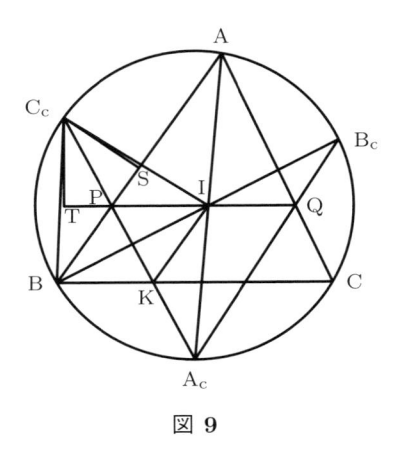

AB, PQ に下ろした垂線の足をそれぞれ S, T とする (図 9).

直線 A_cC_c は角 BPI の二等分線なので，$\triangle C_cSP \equiv \triangle C_cTP$ である．よって，|PS| = |PT| である．また，|BP| = |IP| なので |BS| = |IT| であり，$\triangle C_cBS \equiv \triangle C_cIT$ となる．よって，$|C_cS| = |C_cT|$ で，T は S_2 と直線 PQ の接点である．

よって，直線 PQ は S_1 と S_2 の共通外接線であり，この直線は I を通る．

(3) $\triangle AC_iB_i$, $\triangle BA_iC_i$, $\triangle CB_iA_i$ の内心をそれぞれ I_1, I_2, I_3 とする (図 10).

$$\angle C_iI_1B_i = 90° + \frac{1}{2}\angle A, \quad \angle B_iA_iC_i = 90° - \frac{1}{2}\angle A$$

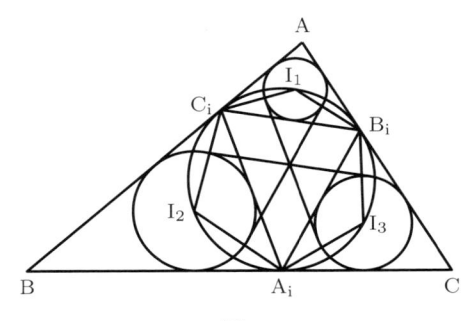

図 10

より，∠$C_iI_1B_i$ + ∠$B_iA_iC_i$ = 180° なので，I_1 は △$A_iB_iC_i$ の外接円上にある．同様に，I_2, I_3 も △ABC の内接円上にある．

(2) の結果から，問題の 3 本の共通外接線は，△$A_iB_iC_i$ の内心で交わる．

(4) (3) で示したように，I_1, I_2, I_3 は △ABC の内接円上，すなわち △$A_iB_iC_i$ の外接円上にある (図 10)．△$A_iB_iC_i$ の内心を J とする (図 11)．点 I_1 は弧 $\overparen{B_iC_i}$ の中点であるので，定理 7.4 より，A_iI_1 は J を通り，3 直線 A_iI_1, B_iI_2, C_iI_3 は 1 点 J で交わる． □

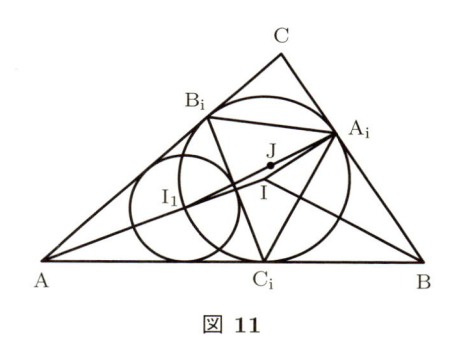

図 11

第 8 章

5 心間の距離と 9 点円

● **5 心間の距離**

　三角形 ABC の重心 G,外心 O,垂心 H,内心 I,傍心 I_A, I_B, I_C の間の距離を,三角法などを用いて調べる.まず,頂点と 5 心の間の距離を調べる.

　定理 8.1 （1） $|\mathrm{AH}| = 2R \cos A$

（2）　$|\mathrm{AG}| = \dfrac{\sqrt{2b^2 + 2c^2 - a^2}}{3}$

（3）　$|\mathrm{AI}| = r \operatorname{cosec} \dfrac{A}{2} = 4R \sin \dfrac{B}{2} \sin \dfrac{C}{2}$

（4）　$|\mathrm{AI_A}| = 4R \cos \dfrac{B}{2} \cos \dfrac{C}{2}$

（5）　$|\mathrm{BI_A}| = 4R \sin \dfrac{A}{2} \cos \dfrac{C}{2}$

　証明　（1）　例題 6.1 より,$\triangle \mathrm{ABH}$ の外接円の半径は R に等しいから,$|\mathrm{AH}| = 2R \sin \angle \mathrm{HBA} = 2R \sin(90° - A) = 2R \cos A$ である.

（2）　パップスの中線定理と,$|\mathrm{AG}| = \dfrac{2}{3}|\mathrm{AA_m}|$ からわかる.

（3）　$r = |\mathrm{AI}| \sin \dfrac{A}{2}$ と,定理 3.6 (2) $\sin \dfrac{A}{2} \sin \dfrac{B}{2} \sin \dfrac{C}{2} = \dfrac{r}{4R}$ より導かれる.

（4）　$r_A = |\mathrm{AI_A}| \sin \dfrac{A}{2}$ と,定理 3.13 (2) から得られる.

（5）　$\angle \mathrm{I_A B I_B} = 90°, \angle \mathrm{I_B I_A B} = 90° - \dfrac{A}{2}, \angle \mathrm{BI_B I_A} = \dfrac{A}{2}$ である.(4) から,

$$|\mathrm{BI_A}| = |\mathrm{BI_B}| \tan \dfrac{A}{2} = 4R \cos \dfrac{C}{2} \cos \dfrac{A}{2} \tan \dfrac{A}{2} = 4R \cos \dfrac{C}{2} \sin \dfrac{A}{2}$$

となる. □

定理 8.2 （1） $|\text{OH}|^2 = R^2(1-8\cos A\cos B\cos C) = 9R^2-(a^2+b^2+c^2)$

（2） $|\text{IH}|^2 = 2r^2 - 4R^2\cos A\cos B\cos C = 2r^2 + 4R^2 - \dfrac{1}{2}(a^2+b^2+c^2)$

（3） $|\text{I}_A\text{H}|^2 = 2r_A^2 - 4R^2\cos A\cos B\cos C = 2r_A^2 + 4R^2 - \dfrac{1}{2}(a^2+b^2+c^2)$

（4） $|\text{II}_A| = 4R\sin\dfrac{A}{2}$

証明 （1） $\angle\text{OAH} = \angle\text{OAC} - \angle\text{HAC} = (90° - B) - (90° - C) = C - B$ である．三角形 AOH に余弦定理を適用すると，

$$|\text{OH}|^2 = R^2 + |\text{AH}|^2 - 2R\cdot|\text{AH}|\cos\angle\text{OAH}$$
$$= R^2 + (2R\cos A)^2 - 2R\cdot 2R\cos A\cos(C-B)$$
$$= R^2\Big(1 - 4\cos A\big(-\cos A + \cos(B-C)\big)\Big)$$
$$= R^2\Big(1 - 4\cos A\big(\cos(B+C) + \cos(B-C)\big)\Big)$$
$$= R^2(1 - 8\cos A\cos B\cos C)$$

が得られる．定理 3.6 (4) と正弦定理を用いると，

$$|\text{OH}|^2 = R^2(1 - 8\cos A\cos B\cos C)$$
$$= R^2(9 - 4(\sin^2 A + \sin^2 B + \sin^2 C))$$
$$= 9R^2 - (a^2 + b^2 + c^2)$$

が得られる．

（2） $\angle\text{IAH} = \angle\text{IAC} - \angle\text{HAC}$
$$= \dfrac{A}{2} - (90° - C) = \dfrac{A}{2} - \Big(\dfrac{A+B+C}{2} - C\Big) = \dfrac{1}{2}(C-B)$$

に注意して，△AIH に余弦定理を適用すると，

$$|\text{IH}|^2 = |\text{AI}|^2 + |\text{AH}|^2 - 2|\text{AI}|\cdot|\text{AH}|\cos\angle\text{IAH}$$
$$= 4R^2\Big(4\sin^2\dfrac{B}{2}\sin^2\dfrac{C}{2} + \cos^2 A - 4\sin\dfrac{B}{2}\sin\dfrac{C}{2}\cos A\cos\dfrac{B-C}{2}\Big)$$

$$
\begin{aligned}
&= 4R^2 \Big(4\sin^2\frac{B}{2}\sin^2\frac{C}{2} + \cos A \cos(180° - B - C) \\
&\qquad - 4\cos A \sin\frac{B}{2}\sin\frac{C}{2}\cos\frac{B}{2}\cos\frac{C}{2} - 4\cos A \sin^2\frac{B}{2}\sin^2\frac{C}{2}\Big) \\
&= 4R^2 \Big(4\sin^2\frac{B}{2}\sin^2\frac{C}{2}(1 - \cos A) - \cos A\big(\cos(B+C) + \sin B \sin C\big)\Big) \\
&= 4R^2 \Big(8\sin^2\frac{A}{2}\sin^2\frac{B}{2}\sin^2\frac{C}{2} - \cos A \cos B \cos C\Big) \\
&= 2r^2 - 4R^2 \cos A \cos B \cos C
\end{aligned}
$$

を得る．これが $2r^2 + 4R^2 - \dfrac{1}{2}(a^2 + b^2 + c^2)$ に等しいことは，(1) からすぐわかる．

（3）は (2) とほとんど同じ方法で証明できる．

（4）を示す．A, I, I_A はこの順に一直線上にあるから，
$$
\begin{aligned}
|II_A| &= |AI_A| - |AI| = 4R\cos\frac{B}{2}\cos\frac{C}{2} - 4R\sin\frac{B}{2}\sin\frac{C}{2} \\
&= 4R\cos\frac{B+C}{2} = 4R\sin\frac{A}{2} \qquad\square
\end{aligned}
$$

次の定理は，1746 年にチャップルが証明し，その後，1765 年にオイラーがチャップルとは独立に証明した．欧米では，これを**オイラーの定理**ということが多いが，本書では，第 1 発見者の名を尊重して，**チャップル-オイラーの定理**とよぶ．

定理 8.3（チャップル-オイラーの定理）
$$
|OI|^2 = R^2 - 2Rr \qquad\qquad ①
$$
$$
|OI_A|^2 = R^2 + 2Rr_A \qquad\qquad ②
$$

証明 AI と外接円の A 以外の交点を A_c, OI と外接円の 2 交点を P, Q とし，A_cO と外接円の A_c 以外の交点を L とする．また，I から AC に下ろした垂線の足を B_i とする (図 1)．

$\triangle BA_cL$ と $\triangle B_iIA$ は相似な直角三角形だから，
$$
|BA_c| \cdot |AI| = |B_iI| \cdot |LA_c| = r \cdot 2R = 2Rr \qquad\qquad ③
$$

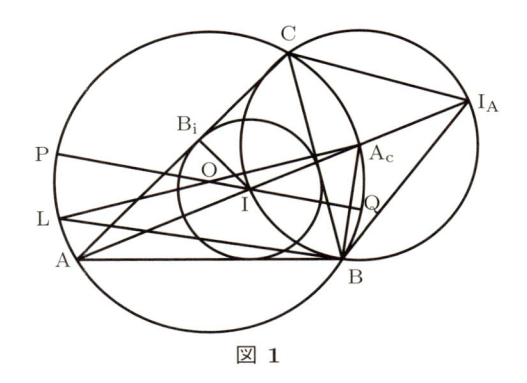

である．$\angle I_A BI = 90°$, $\angle I C I_A = 90°$ なので，4 点 B, C, I, I_A は同一円周 Γ_A 上にある．この Γ_A は $\triangle CBI_A$ の外接円でもあるので，その中心は線分 BC の垂直二等分線上にある．A_c は弧 $\overset{\frown}{BC}$ の中点だから，$A_c L$ は BC の垂直二等分線である．よって，$A_c L$ と Γ_A の直径 II_A の交点である点 A_c は円 Γ_A の中心である．これより，$|BA_c| = |IA_c| = ($円 Γ_A の半径$)$ である．これと，③より，$|AI| \cdot |IA_c| = 2Rr$ となる．$d = |OI|$ とすると，方巾の定理より，

$$|AI| \cdot |IA_c| = |PI| \cdot |IQ| = (R-d)(R+d) = R^2 - d^2$$

だから，$R^2 - d^2 = 2Rr$，すなわち $d^2 = R^2 - 2Rr$ が得られる．

上の証明において，OI と外接円の交点を P, Q とするかわりに，OI_A と外接円の交点を P, Q とすれば，同様にして，②が証明できる． □

系 8.4 $R \geqq 2r$

● **9 点円**

三角形 ABC の垂心を H とし，頂点 A, B, C から対辺に下ろした垂線の足をそれぞれ A_h, B_h, C_h とする．また，線分 BC, CA, AB, AH, BH, CH の中点をそれぞれ A_m, B_m, C_m, A_9, B_9, C_9 とする．

定理 8.5 9 点 A_h, B_h, C_h, A_m, B_m, C_m, A_9, B_9, C_9 は同一円周上にある．

この円を 9 点円とかフォイエルバッハ円という (図 2). 9 点円の中心 N は，線分 OH の中点で，9 点円の半径は $\frac{R}{2}$ である．特に，N はオイラー線上にある．

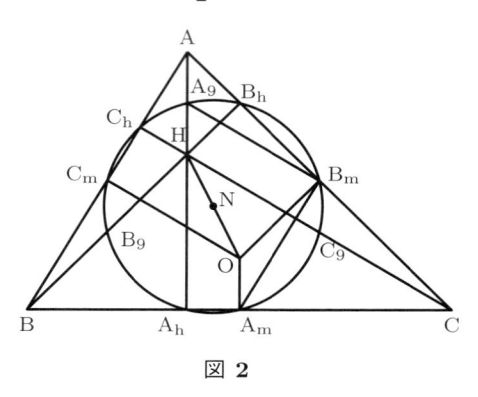

図 2

証明 中点連結定理により，

$$B_m A_9 /\!/ CH = CC_h, \quad B_m A_m /\!/ AB$$

である．$CC_h \perp AB$ より，$B_m A_9 \perp B_m A_m$ で，$\angle A_9 B_m A_m = 90°$ である．また，$\angle A_m A_h A_9 = 90°$ だから，4 点 A_h, A_m, A_9, B_m は同一円周 Γ 上にある．

同様に，A_h, A_m, A_9, C_m も Γ 上にあることがわかる．

Γ は A_m, B_m, C_m を通る円であり，それが A_h, A_9 を通るのだから，対称性により，B_h, B_9, C_h, C_9 も通る．

次に，$\triangle ABC$ を点 H を中心に $\frac{1}{2}$ 倍に相似拡大すると $\triangle A_9 B_9 C_9$ が得られる．$\triangle A_9 B_9 C_9$ の外接円は，$\triangle ABC$ の 9 点円だから，その半径は $\triangle ABC$ の外接円の半径の $\frac{1}{2}$ であり，9 点円の中心 N は OH の中点である． □

● **傍心三角形と 9 点円**

今までに調べてきたことから，傍心三角形と 9 点円については，次の関係があることがわかる．

定理 8.6 三角形 ABC の傍心を I_A, I_B, I_C とするとき，$\triangle ABC$ は $\triangle I_A I_B I_C$

の垂足三角形である．三角形 ABC の内心は三角形 $I_A I_B I_C$ の垂心であり，三角形 ABC の外接円は三角形 $I_A I_B I_C$ の 9 点円である．

● フォイエルバッハの定理

フォイエルバッハの初等的証明は簡単ではないが，いろいろな証明が知られている．上で導いた 5 心間の距離の公式を利用すると次のように証明できる．なお，演習問題 19 問 1 に，反転を用いた別証明がある．

定理 8.7（フォイエルバッハの定理） 9 点円は，内接円と 3 個の傍接円に接する．9 点円と内接円の接点を**フォイエルバッハ点**という．

証明 9 点円の中心 N は OH の中点であったから，パップスの中線定理により，

$$|IO|^2 + |IH|^2 = 2|IN|^2 + \frac{1}{2}|OH|^2$$

である．これに，定理 8.3 ①，定理 8.2 (1), (2) を代入すると，

$$|IN|^2 = \frac{1}{4}R^2 - Rr + r^2 = \left(\frac{R}{2} - r\right)^2$$

を得る．9 点円の半径は $\frac{R}{2}$ であったから，このことは，9 点円と内接円が接することを意味する．

傍接円と 9 点円が接することは，上と同様に定理 8.3 ②，定理 8.2 (3) を使えばわかる． □

―――― 演習問題 8 ――――

1. 三角形 ABC の内心を I とする．点 U, V は三角形 ABC の外接円上の点で，線分 UV は I を通るとする．直線 UV と三角形 ABC の内接円の交点を S, T とする．ただし，S は I と U の間にあるとする．このとき，$|SU| \cdot |TV| \geq r^2$ を証明せよ．ここで，r は三角形 ABC の内接円の半径である．また，等号

が成立するのはいつか．

(1986 年バルカン数学オリンピック問 1)

2. 鋭角三角形 ABC において，その重心 G から直線 AB, BC, CA へ下ろした垂線の足をそれぞれ M, N, P とおく．このとき，

$$\frac{2}{9} < \frac{Area(\triangle \mathrm{MNP})}{Area(\triangle \mathrm{ABC})} \leqq \frac{1}{4}$$

であることを証明せよ．

(1999 年バルカン数学オリンピック問 3)

3. 三辺の長さが a, b, c である $\triangle$ABC の重心を G，内心を I，内接円の半径を r とするとき，$|\mathrm{GI}|^2 = r^2 + f(a, b, c)$ を満たす a, b, c に関する 2 次式 $f(a, b, c)$ を求めよ．

(1989 年韓国数学オリンピック 2 次問 6)

4. 鋭角三角形 ABC の垂心を H とし，辺 BC の中点を $\mathrm{A_m}$ とする．三角形 ABC の外接円の劣弧 $\overset{\frown}{\mathrm{BC}}$（点 A を含まないほうの弧）と，直線 $\mathrm{HA_m}$ の交点を X とする．また，直線 BH と外接円の B 以外の交点を Y とする．このとき，$|XY| = |BC|$ であることを証明せよ．

(1998 年南半球数学オリンピック問 2)

5. 二等辺三角形でない三角形 ABC において，その内接円 ω と BC, CA, AB の接点をそれぞれ $\mathrm{A_i}, \mathrm{B_i}, \mathrm{C_i}$ とし，角 A, B, C の二等分線と対辺の交点をそれぞれ $\mathrm{A_b}, \mathrm{B_b}, \mathrm{C_b}$ とする．また，BC, CA, AB の中点をそれぞれ $\mathrm{A_m}$, $\mathrm{B_m}, \mathrm{C_m}$ とする．点 $\mathrm{A_b}$ から内接円 ω に引いた 2 接線の接点のうち，$\mathrm{A_i}$ 以外の接点を $\mathrm{K_a}$ とする．同様に，$\mathrm{B_b}$ から ω に引いた 2 接線の接点のうち $\mathrm{B_i}$ 以外の接点を $\mathrm{K_b}$，$\mathrm{C_b}$ から ω に引いた 2 接線の接点のうち $\mathrm{C_i}$ 以外の接点を $\mathrm{K_c}$ とする．このとき，3 直線 $\mathrm{A_m K_a}, \mathrm{B_m K_b}, \mathrm{C_m K_c}$ は円周 ω 上のある 1 点で交わることを証明せよ．

(1998 年ロシア数学オリンピック 5 次 10 年生問 3. 類題 1982IMO 問 2)

―――― 解答 ――――

1. O を $\triangle$ABC の外心とし,外接円の半径を R とする (図 3). チャップル-オイラーの定理により,$|{\rm OI}|^2 = R^2 - 2rR$ である.

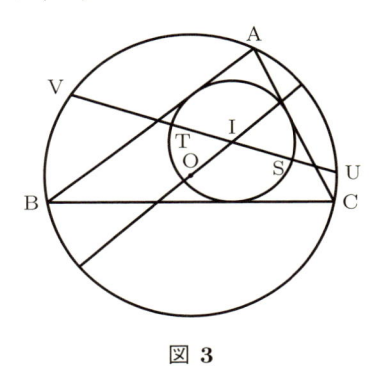

図 3

$\triangle$ABC が正三角形の場合は,O = I, $R = 2r$ だから,$|{\rm SU}| \cdot |{\rm TV}| = (R-r)^2 = r^2$ である.

以下,$\triangle$ABC が正三角形でない場合を考える.方巾の定理により $|{\rm IU}| \cdot |{\rm IV}| = (R - |{\rm IO}|)(R + |{\rm OI}|)$ に注意する.

$$\begin{aligned}
|{\rm SU}| \cdot |{\rm TV}| &= (\,|{\rm IU}| - |{\rm IS}|\,)(\,|{\rm IV}| - |{\rm IT}|\,) \\
&= |{\rm IU}| \cdot |{\rm IV}| - |{\rm IU}| \cdot |{\rm IT}| - |{\rm IS}| \cdot |{\rm IV}| + |{\rm IS}| \cdot |{\rm IT}| \\
&= (R - |{\rm OI}|)(R + |{\rm OI}|) - r \cdot |{\rm IU}| - r \cdot |{\rm IV}| + r^2 \\
&= R^2 - |{\rm OI}|^2 - r \cdot |{\rm UV}| + r^2 \\
&= R^2 - (R^2 - 2rR) - r \cdot |{\rm UV}| + r^2 \\
&\geqq R^2 - (R^2 - 2rR) - r \cdot 2R + r^2 = r^2
\end{aligned}$$

である.ここで等号が成立するのは,$|{\rm UV}| = 2R$ の場合,つまり,$|{\rm UV}|$ が $\triangle$ABC の外接円の直径の場合で,この場合,U, V は直線 OI と外接円の 2 交点になる. □

2. $A = \angle{\rm BAC}$, $B = \angle{\rm CBA}$, $C = \angle{\rm ACB}$, $a = |{\rm BC}|$, $b = |{\rm CA}|$, $c = |{\rm AB}|$,

A
M   P
G
B   N   C
図 4

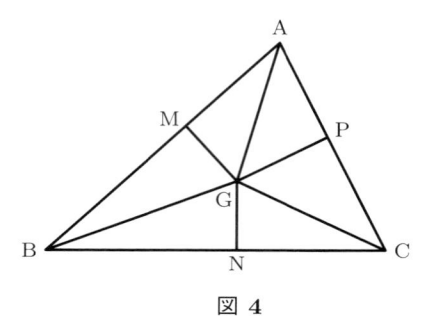

$S = Area(\triangle \text{ABC})$ とし，$\triangle \text{ABC}$ の頂点 A, B, C から対辺へ下ろした垂線の長さを h_a, h_b, h_c とおく (図 4). $h_a = 3|\text{GN}|$, $h_b = 3|\text{GP}|$, $h_c = 3|\text{GM}|$ に注意する．$2S = ah_a = bh_b = ch_c$ である．これらの関係より，

$$Area(\triangle \text{MGP}) = \frac{1}{2}|\text{GM}| \cdot |\text{GP}| \sin(180° - A)$$
$$= \frac{1}{18}h_c h_b \sin A = \frac{1}{18} \cdot \frac{2S}{c} \cdot \frac{2S}{b} \cdot \frac{2S}{bc} = \frac{4S^3}{9b^2c^2}$$

である．同様に，$Area(\triangle \text{NGM}) = \dfrac{4S^3}{9c^2a^2}$, $Area(\triangle \text{PGN}) = \dfrac{4S^3}{9a^2b^2}$ である．

$\triangle \text{ABC}$ の外接円の半径を R とする．$S = \dfrac{abc}{4R}$ と，正弦定理より，

$$Area(\triangle \text{MNP}) = Area(\triangle \text{MGP}) + Area(\triangle \text{NGM}) + Area(\triangle \text{PGN})$$
$$= \frac{4S^3(a^2+b^2+c^2)}{9a^2b^2c^2} = \frac{S(a^2+b^2+c^2)}{36R^2}$$

である．ここで，$\triangle \text{ABC}$ の垂心を H，外心を O とするとき，$|\text{OH}|^2 = 9R^2 - (a^2+b^2+c^2)$ であるから，$9R^2 \geqq a^2+b^2+c^2$ である．よって，

$$\frac{Area(\triangle \text{MNP})}{Area(\triangle \text{ABC})} = \frac{Area(\triangle \text{MNP})}{S} = \frac{(a^2+b^2+c^2)}{36R^2} \leqq \frac{1}{4}$$

を得る．

定理 3.6 (4) と $\triangle \text{ABC}$ が鋭角三角形であることから，

$$\sin^2 A + \sin^2 B + \sin^2 C = 2(1 + \cos A \cos B \cos C) > 2$$

である．よって，

$$\frac{Area(\triangle \mathrm{MNP})}{Area(\triangle \mathrm{ABC})} = \frac{(a^2+b^2+c^2)}{36R^2} = \frac{1}{9}(\sin^2 A + \sin^2 B + \sin^2 C) > \frac{2}{9}$$

が得られる． □

注 上の解答からわかるように，鋭角三角形においては，

$$8R^2 < a^2+b^2+c^2 \leqq 9R^2$$

が成り立つ．

3. H を $\triangle \mathrm{ABC}$ の垂心，R を外接円の半径とする．

G は OH を $1:2$ に内分するから，スチュワートの定理と定理 8.2 (1), (2), 定理 8.3 により，

$$|\mathrm{GI}|^2 = \frac{1}{3}|\mathrm{HI}|^2 + \frac{2}{3}|\mathrm{OI}|^2 - \frac{2}{9}|\mathrm{OH}|^2$$
$$= \frac{1}{18}(12r^2 - 24Rr + (a^2+b^2+c^2))$$

となる．$\sigma_1 = a+b+c$, $\sigma_2 = ab+bc+ca$, $\sigma_3 = abc$ とする．

$$2Rr = \frac{abc}{a+b+c} = \frac{\sigma_3}{\sigma_1}$$
$$r^2 = \frac{S^2}{s^2} = 2\frac{(s-a)(s-b)(s-c)}{a+b+c} = -\frac{\sigma_1^2}{4} + \sigma_2 - \frac{2\sigma_3}{\sigma_1}$$

より，

$$|\mathrm{GI}|^2 - r^2 = \frac{1}{18}(-6r^2 - 24Rr + \sigma_1^2 - 2\sigma_2) = \frac{1}{36}(5\sigma_1^2 - 16\sigma_2)$$
$$= \frac{1}{36}(5(a+b+c)^2 - 16(ab+bc+ca))$$

である． □

4. $\mathrm{P} = \mathrm{BH} \cap \mathrm{CA}$ とする (図 5)．$\angle \mathrm{BPC} = 90°$ だから，$\triangle \mathrm{BCP}$ の外接円の中心は BC の中点 $\mathrm{A_m}$ であり，その半径として考えると $|\mathrm{A_m P}| = |\mathrm{A_m B}|$ である．したがって，$\triangle \mathrm{A_m PB}$ は二等辺三角形で，$\angle \mathrm{A_m BP} = \angle \mathrm{BPA_m}$ である．

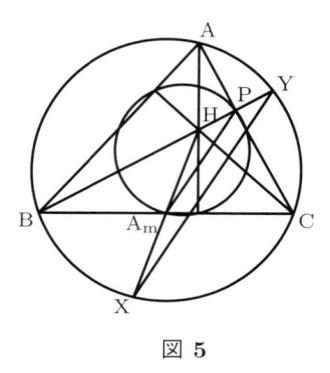

図 5

△ABC の 9 点円を，垂心 H を中心に 2 倍に相似拡大したものが △ABC の外接円だから，A_m は線分 HX の中点，P は HY の中点である．中点連結定理により，XY // A_mP で，

$$\angle BYX = \angle BPA_m = \angle A_m BP = \angle CBY$$

となる．よって，弧 $\overparen{BX}$ と $\overparen{CY}$ の長さは等しく，|XY| = |BC| である． □

5. △ABC の内心を I とする (図 6)．△$K_a K_b K_c$ の外接円は △ABC の内接円 ω であり，△$A_m B_m C_m$ の外接円は △ABC の 9 点円 ω_9 である．フォイ

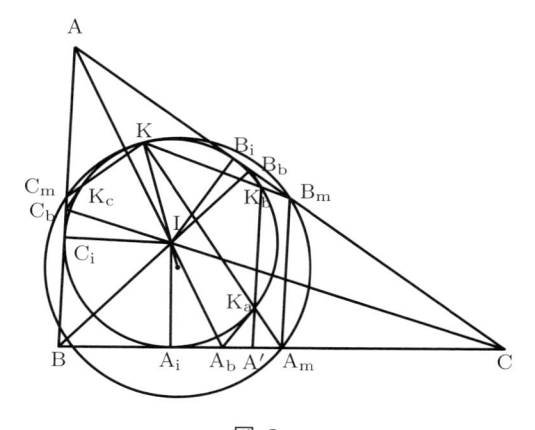

図 6

エルバッハの定理より，ω と ω_9 はフォイエルバッハ点 K で接する．

以下，3 点 A, B, C は反時計回りに回っていると仮定し，$A = \measuredangle \mathrm{BAC} > 0$, $B = \measuredangle \mathrm{CBA} > 0, C = \measuredangle \mathrm{ACB} > 0$, $\mathrm{A}' = \mathrm{K_a K_b} \cap \mathrm{BC}$ とする．$\mathrm{K_a}$ は $\mathrm{AA_b}$ に関して $\mathrm{A_i}$ と対称だから，

$$\measuredangle \mathrm{A_i I K_a} = 2\measuredangle \mathrm{A_i I A_b} = 2(90° - \measuredangle \mathrm{AA_b B}) = 180° - 2(\measuredangle \mathrm{A_b AC} + \measuredangle \mathrm{ACB})$$
$$= (A + B + C) - A - 2C = B - C$$

である．同様に，$\measuredangle \mathrm{B_i I K_b} = C - A$ である．$\measuredangle \mathrm{A_i I B_i} = 180° - C = A + B$ より，

$$\measuredangle \mathrm{K_a I K_b} = \measuredangle \mathrm{A_i I B_i} - \measuredangle \mathrm{A_i I K_a} + \measuredangle \mathrm{B_i I K_b}$$
$$= (A + B) - (B - C) + (C - A) = 2C$$

となる．$\mathrm{A_b K_a}$ は ω の接線だから，

$$\measuredangle \mathrm{CA'K_a} = \measuredangle \mathrm{A_b K_a A'} + \measuredangle \mathrm{CA_b K_a} = \frac{1}{2}\measuredangle \mathrm{K_a I K_b} + \measuredangle \mathrm{A_i I K_a}$$
$$= \frac{1}{2}(2C) + (B - C) = B$$

となる．中点連結定理により，$\measuredangle \mathrm{CA_m B_m} = B = \measuredangle \mathrm{CA'K_a}$ だから，$\mathrm{K_a K_b} \parallel \mathrm{A_m B_m}$ である．

同様に，$\mathrm{K_b K_c} \parallel \mathrm{B_m C_m}$, $\mathrm{K_c K_a} \parallel \mathrm{C_m A_m}$ である．これより，$\triangle \mathrm{A_m B_m C_m}$ は $\triangle \mathrm{K_a K_b K_c}$ を相似拡大した図形であることがわかる．この相似拡大を $f\colon \mathbb{R}^2 \to \mathbb{R}^2$ とする．相似拡大 f の中心 X は，$f(\mathrm{X}) = \mathrm{X}$ を満たす点として特徴づけられる．f により，$\triangle \mathrm{K_a K_b K_c}$ の外接円 ω は，$\triangle \mathrm{A_m B_m C_m}$ の外接円 ω_9 に移るが，その接点 K は $f(\mathrm{K}) = \mathrm{K}$ を満たすので，$\mathrm{X} = \mathrm{K}$ である．したがって，3 直線 $\mathrm{A_m K_a}, \mathrm{B_m K_b}, \mathrm{C_m K_c}$ は 1 点 K で交わる． □

第 9 章
三角形の射影幾何的諸定理

　本章では，ユークリッド平面よりも射影平面上で考えたほうが明解な諸定理を扱うが，射影幾何の解説は本書の意図するところではないので，初等幾何の延長としてこれを簡単に扱う．

● メネラウスの定理・チェバの定理

　これらの定理を使いこなすには，少し訓練が必要である．メネラウスは 98 年頃生存していた．アレキサンドリアで，彼の『球面学』に次の定理が載っているが，メネラウスの定理はそれ以前から知られていたらしい．チェバの定理が発見されたのは 17 世紀である．

定理 9.1 (メネラウスの定理)　三角形 ABC の頂点を通らない直線 ℓ と直線 BC, CA, AB との交点をそれぞれ A′, B′, C′ とすれば

$$\frac{|\text{A}'\text{B}|}{|\text{A}'\text{C}|} \cdot \frac{|\text{B}'\text{C}|}{|\text{B}'\text{A}|} \cdot \frac{|\text{C}'\text{A}|}{|\text{C}'\text{B}|} = 1 \qquad ①$$

が成り立つ (図 1)．逆に上式が成り立つように，A′, B′, C′ をそれぞれ直線 BC, CA, AB 上にとれば A′, B′, C′ は同一直線上にある．

　なお，① は左辺を適当な方法で有向量と考えて以下の形で表わすことも多い．たとえば，図形を複素数平面 (ガウス平面) $\mathbb{C}$ 上において点をその座標の複素数と同一視し，$AB = \text{B} - \text{A} \in \mathbb{C}$ と考える．すると，

$$\frac{AB'}{B'C} \cdot \frac{CA'}{A'B} \cdot \frac{BC'}{C'A} = -1 \qquad ②$$

証明　複素数平面 $\mathbb{C}$ 上で考える．点 C を通り ℓ に平行な直線と，AB の交

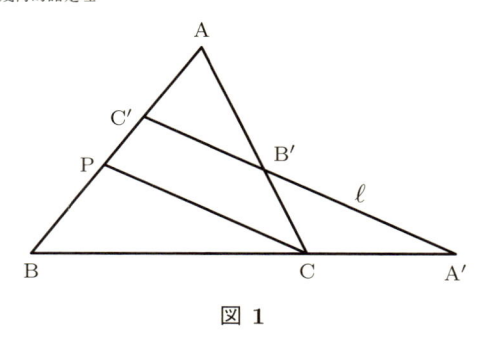

点を P とする (図 1). 平行比の定理により,

$$\frac{A'B}{A'C} = \frac{C'B}{C'P}, \quad \frac{B'C}{B'A} = \frac{C'P}{C'A}$$

である. よって,

$$\frac{A'B}{A'C} \cdot \frac{B'C}{B'A} \cdot \frac{C'A}{C'B} = \frac{C'B}{C'P} \cdot \frac{C'P}{C'A} \cdot \frac{C'A}{C'B} = 1$$

を得る. ②はこの式を, 機械的に変形すると得られる.

逆に, $C'' = A'B' \cap AB$ とすれば, いま証明した結果から,

$$\frac{A'B}{A'C} \cdot \frac{B'C}{B'A} \cdot \frac{C''A}{C''B} = 1$$

であるから, $\dfrac{C'A}{C'B} = \dfrac{C''A}{C''B}$ となる. よって, $C'' = C'$ となる. □

定理 9.2 (チェバの定理) P は三角形 ABC の辺上にない点とし, $A' = AP \cap BC$, $B' = BP \cap CA$, $C' = CP \cap AB$ とすれば

$$\frac{|AB'|}{|B'C|} \cdot \frac{|CA'|}{|A'B|} \cdot \frac{|BC'|}{|C'A|} = 1 \tag{③}$$

が成り立つ (図 2)(有向量と考えても同じ形で成り立つ).

逆に③が成り立てば, 3 直線 AA', BB', CC' は 1 点で交わる.

証明 有向量としての等式を証明するため, 複素数平面 $\mathbb{C}$ 上で考える. $\triangle AA'C$ と直線 BB', および $\triangle ABA'$ と直線 CC' にメネラウスの定理を適用すると

[図: 三角形ABC, 内部に点P, 各辺上の点 A', B', C']

図 2

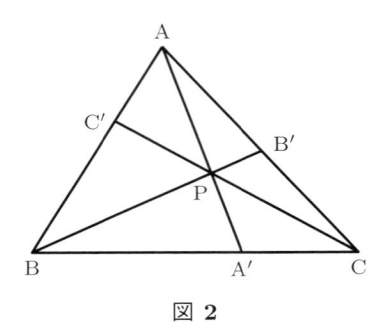

$$\frac{AB'}{B'C} \cdot \frac{CB}{BA'} \cdot \frac{A'P}{PA} = -1, \quad \frac{AP}{PA'} \cdot \frac{A'C}{CB} \cdot \frac{BC'}{C'A} = -1$$

である．上の式を辺々掛け合わせると，

$$\frac{AB'}{B'C} \cdot \frac{CB}{BA'} \cdot \frac{A'P}{PA} \cdot \frac{AP}{PA'} \cdot \frac{A'C}{CB} \cdot \frac{BC'}{C'A} = 1$$

となる．左辺を約分すると③が得られる．

逆に，直線 $P = BB' \cap CC'$, $A'' = AP \cap BC$ とすれば，$A'' = A'$ が簡単に導かれる． □

なお，メネラウスの定理・チェバの定理の応用についての詳しい解説が，次の本の p.111〜124 にあるので参照されたい．

清宮俊雄『モノグラフ 幾何学 改訂版』科学振興新社

● **調和列点**

数直線 ℓ 上に 4 点 A, B, C, D があり，その座標をそれぞれ，a, b, c, d とするとき，

$$\frac{a-c}{c-b} \cdot \frac{b-d}{d-a} = -1$$

を満たすとする．このとき，点列 (A, B, C, D) は**調和列点**であるといい，(A, B) と (C, D) は**調和共役点**であるという．

今，$k = \left|\dfrac{a-c}{c-b}\right|$ とし，平面上で，$|AP|:|BP| = k:1$ を満たす点 P の軌跡

を Γ とする．Γ は円周であって，**アポロニウスの円**とよばれる (図 3)．$|AC|:|CB|=|AD|:|DB|=k:1$ だから，C, D は Γ と ℓ の交点である．

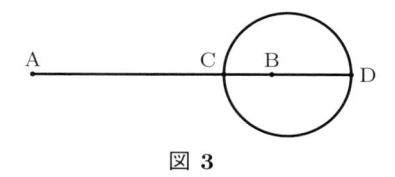

図 3

定理 9.3 四角形 PQRS について，$C = SP \cap QR$, $D = PQ \cap RS$, $A = PR \cap CD$, $B = QS \cap CD$ とする (図 4)．このとき，

$$\frac{|AC|}{|CB|} \cdot \frac{|BD|}{|DA|} = 1 \quad \left(\text{有向量として} \quad \frac{AC}{CB} \cdot \frac{BD}{DA} = -1\right)$$

が成り立ち，(A, C, B, D) は調和列点をなす．

このとき，(A, C, B, D) は四角形 PQRS に関する調和列点であるともいう．

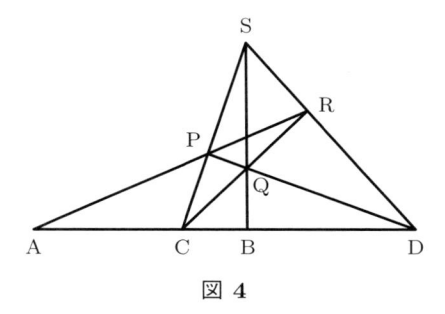

図 4

証明 前と同様，複素数平面上で考える．$\triangle$SCD と直線 AR にメネラウスの定理を用いると，

$$\frac{AC}{AD} \cdot \frac{RD}{RS} \cdot \frac{PS}{PC} = 1$$

である．他方，$\triangle$SCD と点 Q にチェバの定理を用いると，

$$\frac{DR}{RS} \cdot \frac{SP}{PC} \cdot \frac{CB}{BD} = 1$$

である．$DR = -RD$ などに注意して 2 式を比較すると，
$$\frac{AC}{DA} = -\frac{CB}{BD}$$
であり，これより，結論を得る． □

● デザルグの定理

デザルグの定理は，射影幾何の基本定理である．しかし，平面幾何の定理としても，ときどき役に立つ．

定理 9.4 (デザルグの定理)　三角形 ABC とその周上にない点 O があり，直線 OA 上に点 A′ が，直線 OB 上に点 B′ が，直線 OC 上に点 C′ がある (図 5)．P = BC∩B′C′, Q = CA∩C′A′, R = AB∩A′B′ とすると，3 点 P, Q, R は同一直線上にある．

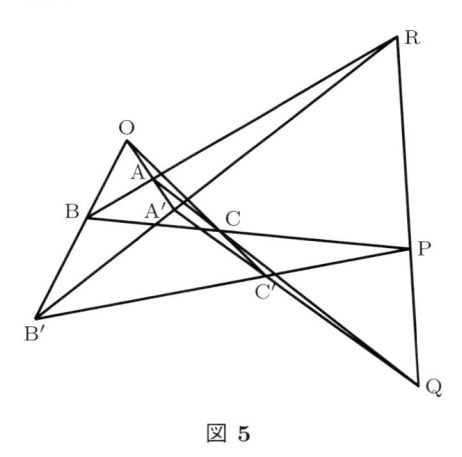

図 5

証明　図 5 を空間図形と考える．3 直線 OA, OB, OC が同一平面上にない場合は，P, Q, R は 2 平面 ABC と A′B′C′ の交線上にある．

OA, OB, OC が同一平面 π 上にある場合は，この平面図形が，上で考察したような適当な空間内の図形を平面 π 上に正射影したものであると考えればよい． □

参考　上記の証明の現代数学的背景は，たとえば，秋月康夫・滝沢精二『射

影幾何学』共立出版，を読んでもらうとよく理解できると思う．

● パスカルの定理とブリアンションの定理

定理 9.5 (パスカルの定理)　円，楕円，双曲線または放物線 C 上に相異なる 6 点 A_1, A_2, A_3, B_1, B_2, B_3 があるとき，$P_1 = A_2B_3 \cap A_3B_2$, $P_2 = A_3B_1 \cap A_1B_3$, $P_3 = A_1B_2 \cap A_2B_1$ とおくと，3 点 P_1, P_2, P_3 は同一直線上にある．この直線を**パスカル線**という．

証明　2 次曲線 C の定義方程式を $h_2(x, y) = 0$ とし，これに点 X の座標を代入した値を $h_2(X)$ と書く．直線 A_2B_3, A_3B_1, A_1B_2, A_3B_2, A_1B_3, A_2B_1 の定義方程式をそれぞれ f_1, f_2, f_3, g_1, g_2, g_3 とする．また，D を C 上の A_1, A_2, A_3, B_1, B_2, B_3 以外の点とし，

$$a = g_1(D)g_2(D)g_3(D), \quad b = f_1(D)f_2(D)f_3(D),$$
$$h_3(x, y) = af_1(x, y)f_2(x, y)f_3(x, y) - bg_1(x, y)g_2(x, y)g_3(x, y)$$

とする．3 次式 $h_3(x, y) = 0$ で定まる図形は，10 点 D, A_1, A_2, A_3, B_1, B_2, B_3, P_1, P_2, P_3 を通る．

もし，h_3 が h_2 の倍数でなければ，h_3 は 3 次式，h_2 は 2 次式なので，連立方程式 $h_3(x, y) = h_2(x, y) = 0$ の解は高々 6 個である．しかし，この連立方程式は 7 個の解 D, A_1, A_2, A_3, B_1, B_2, B_3 を持つので，h_2 は h_3 の約数である．

$h_1(x, y) = \dfrac{h_3(x, y)}{h_2(x, y)}$ とおくと，$h_2(P_i) \neq 0$ $(i = 1, 2, 3)$ なので，$h_1(P_i) = 0$ $(i = 1, 2, 3)$ である．h_1 は 1 次式なので，3 点 P_1, P_2, P_3 は同一直線上にある．　□

パスカルの定理をその双対射影平面で上の命題に翻訳すると，次のブリアンションの定理になる．このことを，(x, y) 平面で説明する．(x, y) 平面上の点 (a, b) に対し，(s, t) 平面上の直線 $as + bt + 1 = 0$ を対応させ，(x, y) 平面上の直線 $ax + by + 1 = 0$ に対し，(s, t) 平面上の点 (a, b) を対応させる．すると，2 点 A, B に対し直線 ℓ_A, ℓ_B が対応するとき，直線 AB には交点 $\ell_A \cap \ell_B$

が対応する．また，直線 ℓ_A, ℓ_B に点 A, B が対応するとき，交点 $\ell_A \cap \ell_B$ には直線 AB が対応する．

さらに，(x, y) 平面上の 2 次曲線 C に対し，C 上の各点における接線に対応する (s, t) 平面上の点の軌跡 $\tilde{C}$ を考えると，$\tilde{C}$ は 2 次曲線になることが容易にわかる．

次の (x, y) 平面上における命題を (s, t) 平面上での命題に翻訳するとパスカルの定理となる．よって，次の定理が成り立つ．

定理 9.6 (ブリアンションの定理) 円，楕円，双曲線または放物線 C に各辺 (またはその延長) が接する 6 角形の相対する 2 頂点を結ぶ 3 本の直線 (主対角線) は 1 点で交わる．

なお，パスカルの定理に関連した多くの定理に関しては，次を参照してほしい．
岩田至康『幾何学大事典』第 6 巻 p.435〜446，槇書店

―――― 演習問題 9 ――――

1. 三角形 ABC の中線 CC_m 上に点 N がある．$Q = AN \cap BC$, $P = BN \cap AC$ とするとき，PQ ∥ AB をチェバの定理を用いて証明せよ．

2. 三角形 ABC において，角 A の二等分線，B から対辺に引いた中線，C から対辺に下ろした垂線が 1 点で交わるための必要十分条件は
$$\tan A \cos B = \sin C$$
であることを，チェバの定理を用いて証明せよ．

3. 空間内の平面が正四面体 ABCD の辺 AB, BC, CD, DA とそれぞれ点 M, N, P, Q で交わっている．このとき，
$$|MN| \cdot |NP| \cdot |PQ| \cdot |QM| \geqq |AM| \cdot |BN| \cdot |CP| \cdot |DQ|$$
が成り立つことを証明せよ．

(1999 年ルーマニア数学オリンピック 10 年生 4 次問 2)

第 9 章 三角形の射影幾何的諸定理　　　　　　　　　　　　　　　　　　　　95

4. C, C_1, C_2 はそれぞれ点 O, O_1, O_2 を中心とする同一平面上の円で，C_1 と C_2 は点 A で外接し，C_1 は C に点 A_1 で内接し，C_2 は C に点 A_2 で内接している．このとき，3 直線 OA, O_1A_2, O_2A_1 は 1 点で交わることを証明せよ．

(1992 年アジア太平洋数学オリンピック問 2)

5. 三角形 ABC の辺 AC, AB, BC 上にそれぞれ点 L, M, N があり，BL は角 CBA の二等分線で，3 本の線分 AN, BL, CM は 1 点 S で交わっている．さらに，∠ALB = ∠MNB であるとすれば，∠LNM = 90° であることを証明せよ．

(2002 年バルト海団体数学競技問 14)

6. 正四面体 ABCD において M, N はそれぞれ平面 ABC, ADC 上の相異なる点とする．このとき，|MN|, |BN|, |MD| を 3 辺の長さとする三角形が存在することを証明せよ．

(1997 年国際数学オリンピック出題候補問題)

7. 台形でない凸四角形 ABCD について，P = BA ∩ CD, Q = BC ∩ AD とする．また，外角 A の二等分線と外角 C の二等分線は点 K で交わり，外角 B の二等分線と外角 D の二等分線は点 L で交わるとする．さらに，角 BPC の外角の二等分線と角 AQD の外角の二等分線は点 M で交わるとする．このとき，3 点 K, L, M は同一直線上にあることを証明せよ．

(1994 年春 都市対抗数学コンテスト 年長の部 上級問題問 6)

────── 解答 ──────

1. チェバの定理より，

$$\frac{|AC_m|}{|C_mB|} \cdot \frac{|BQ|}{|QC|} \cdot \frac{|CP|}{|PA|} = 1$$

であるが，$|AC_m| = |C_mB|$ より，$\dfrac{|AP|}{|PC|} = \dfrac{|BQ|}{|QC|}$ となる．よって，$|CA| : |CP| =$

図 6

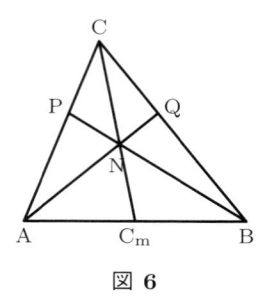

$|CB|:|CQ|$ であり，$\triangle CPQ \backsim \triangle CAB$ となる (図 6). これより, $\angle CPQ = \angle CAB$ で, $PQ \parallel AB$ である. □

2. 二等分線 AA_i, 中線 BB_m, 垂線 CC_h が 1 点で交わると仮定する. $|CB_m|=|B_mA|$ とチェバの定理により，

$$\frac{|AC_h|}{|C_hB|} \cdot \frac{|BA_i|}{|A_iC|} = \frac{|AC_h|}{|C_hB|} \cdot \frac{|BA_i|}{|A_iC|} \cdot \frac{|CB_m|}{|B_mA|} = 1 \quad \text{①}$$

である. $\tan A = \dfrac{|CC_h|}{|AC_h|}$, $\tan B = \dfrac{|CC_h|}{|C_hB|}$ より,

$$\frac{|AC_h|}{|C_hB|} = \frac{\tan B}{\tan A} \quad \text{②}$$

である. 二等分線定理と正弦定理より,

$$\frac{|BA_i|}{|A_iC|} = \frac{c}{b} = \frac{\sin C}{\sin B} \quad \text{③}$$

である. ①, ②, ③ より, $\tan A \cos B = \sin C$ を得る.

逆に, $\tan A \cos B = \sin C$ が成り立つと仮定すると，②，③が成り立つので，①が成立し，チェバの定理の逆から，二等分線 AA_i, 中線 BB_m, 垂線 CC_h は 1 点で交わる. □

3. $\triangle BNM$ に余弦定理を用いると，

$$|MN|^2 = |BM|^2 + |BN|^2 - |BM| \cdot |BN| \geqq |BM| \cdot |BN|$$

第 9 章 三角形の射影幾何的諸定理　　　　　　　　　　　　　　　　　　　97

図 7

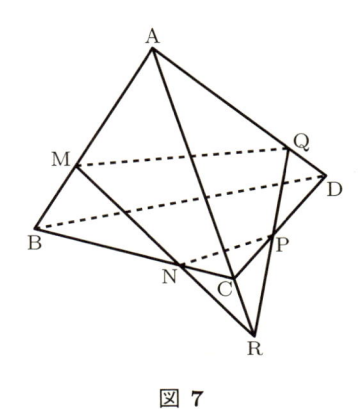

である (図 7). 同様に,

$$|NP|^2 \geqq |CN|\cdot|CP|, \quad |PQ|^2 \geqq |DP|\cdot|DQ|, \quad |MQ|^2 \geqq |AQ|\cdot|AM|$$

である. よって,

$$|MN|^2\cdot|NP|^2\cdot|PQ|^2\cdot|QM|^2$$
$$\geqq |BM|\cdot|BN|\cdot|CP|\cdot|CN|\cdot|DP|\cdot|DQ|\cdot|AQ|\cdot|AM| \quad ①$$

である.

面 MNPQ と AC が平行でない場合, 面 NMPQ と直線 AC の交点を R とすると, R = MN ∩ PQ で, メネラウスの定理より,

$$\frac{|AM|}{|BM|}\cdot\frac{|BN|}{|CN|}\cdot\frac{|CR|}{|AR|} = 1, \quad \frac{|CP|}{|DP|}\cdot\frac{|DQ|}{|AQ|}\cdot\frac{|AR|}{|CR|} = 1$$

となる. この 2 式を辺々掛け合わせて分母を払い整理すると,

$$|AM|\cdot|BN|\cdot|CP|\cdot|DQ| = |BM|\cdot|CN|\cdot|DP|\cdot|AQ| \quad ②$$

が得られる. 面 MNPQ と AC が平行の場合は, MN // AC // QP だから, 平行比の定理から②が得られる. ①, ②より,

$$|MN|\cdot|NP|\cdot|PQ|\cdot|QM| \geqq |AM|\cdot|BN|\cdot|CP|\cdot|DQ|$$

が得られる. □

4. 円 C, C_1, C_2 の半径を r, r_1, r_2 とする．$\triangle OO_1O_2$ において，

$$\frac{|OA_1|}{|A_1O_1|} \cdot \frac{|O_1A|}{|AO_2|} \cdot \frac{|O_2A_2|}{|A_2O|} = \frac{r}{r_1} \cdot \frac{r_1}{r_2} \cdot \frac{r_2}{r} = 1$$

が成り立つから，チェバの定理の逆により，3 直線 OA, O_1A_2, O_2A_1 は 1 点で交わる． □

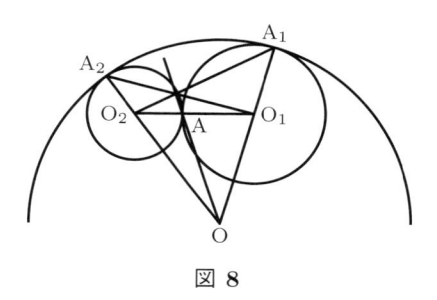

図 8

5. $P = MN \cap AC$ とおく (図 9)．$\angle PLB = \angle PNB$ なので，4 点 P, L, N, B は同一円周上にある．$\angle LNM = 90°$ を示すには，線分 PL がこの円の直径であることを示せばよい．直線 AB とこの円の交点を Q $(Q \neq B)$ とする．

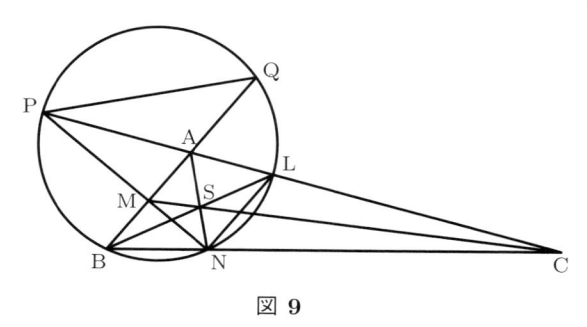

図 9

$\angle PQB = \angle PLB$, $\angle LPQ = \angle LBQ = \angle NBL = \angle NPL$ より $\triangle PAQ \backsim \triangle BAL$ である．よって，$|PQ| : |PA| = |BL| : |BA|$ である．

また，$\triangle NPC \backsim \triangle LBC$ より，$|PN| : |PC| = |BL| : |BC|$ である．

BL は角 CBA の二等分線なので，$|AB| : |BC| = |AL| : |CL|$ である．以上より，

$$|PQ|:|PN| = \frac{|PA|\cdot|BL|}{|BA|} : \frac{|PC|\cdot|BL|}{|BC|} = \frac{|PA|}{|AB|} : \frac{|PC|}{|BC|} = \frac{|PA|}{|AL|} : \frac{|PC|}{|CL|}$$

を得る．ところで，4 点 P, C, A, L は四角形 BNSM に関する調和列点なので，$\frac{|CL|}{|PC|} \cdot \frac{|PA|}{|AL|} = 1$ である．よって，$|PN| = |PQ|$ を得る．

PL は角 NPQ の二等分線なので，このことは，線分 PL が円 PBNC の直径であることを意味する． □

6. 正四面体 ABCD を含む 3 次元ユークリッド空間 $\mathbb{R}^3$ を，4 次元ユークリッド空間 $\mathbb{R}^4$ に埋め込み，$\mathbb{R}^4$ 内に点 E を $|AE| = |BE| = |CE| = |DE| = |AB|$ となるように取って，4-単体 (4 次元正五面体) ABCDE を作る．ABCD も ABCE も合同な 3 次元正四面体なので，$|MD| = |ME|$ である．同様に，ADCB と ADCE も合同なので $|NB| = |NE|$ である．よって，△EMN は求める 3 辺をもつ三角形である． □

7. $G = CK \cap QM$, $G' = AK \cap PM$, $H = CK \cap DL$, $H' = AK \cap BL$, $F = QM \cap DL$, $F' = PM \cap BL$ とする (図 10)．

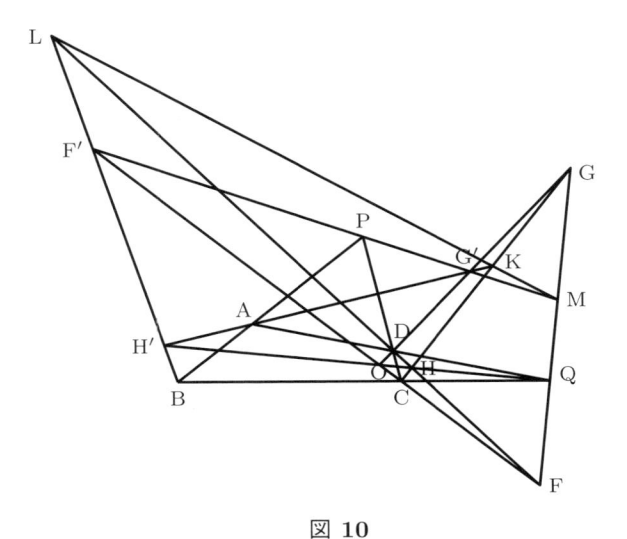

図 10

Fは△DCQの頂点Dと反対側にある傍心であるから，CFは角DCBの二等分線である．F′は△PBCの頂点Cと反対側にある傍心であるから，CF′は角BCDの二等分線である．よって，3点F, F′, Cは同一直線上にあり，FF′は角BCDの二等分線である．

　同様にGG′は角ADCの二等分線で，HH′は角AQBの二等分線である．よって，3直線FF′, GG′, HH′は△DCQの点Qの反対側の傍心Oで交わる．

　△FGHと△F′G′H′の対応する頂点を結ぶ直線FF′, GG′, HH′が1点Oで交わるのだから，デザルグの定理により，3点K = GH∩G′H′, L = HF∩H′F′, M = FG∩F′G′は同一直線上にある． □

第10章

三角形に関するその他の諸定理

● 等角共役点

定理 10.1 平面上に，三角形 ABC と，その外接円上にない点 P がある．三角形 ABC の内心を I とし，直線 AI に関して AP と対称な直線を ℓ_A，BI に関して BP と対称な直線を ℓ_B，CI に関して CP と対称な直線を ℓ_C とする (図 1)．すると 3 直線 ℓ_A, ℓ_B, ℓ_C はある 1 点 Q で交わる (P が外接円周上にあるときは，3 直線は平行である)．

この交点 Q を P の**等角共役点**という．また，2 点 P, Q は三角形 ABC に関して**等角共役**であるという．

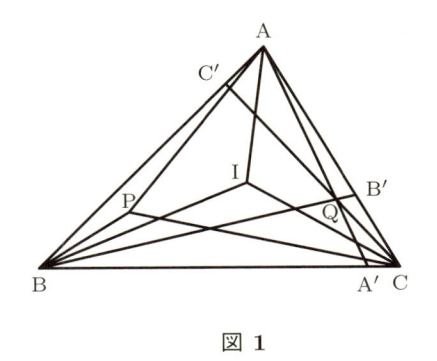

図 1

証明 $A' = \ell_A \cap BC$, $B' = \ell_B \cap CA$, $C' = \ell_C \cap AB$ とおく．正弦定理より，

$$\frac{|AB'|}{|B'C|} = \frac{|AB'|\sin\angle AB'B}{|B'C|\sin\angle BB'C} = \frac{|AB|\sin\angle B'BA}{|BC|\sin\angle CBB'}$$

等が成り立つから，

$$\frac{|AB'|}{|B'C|} \cdot \frac{|CA'|}{|A'B|} \cdot \frac{|BC'|}{|C'A|}$$
$$= \frac{|AB|\sin\angle B'BA}{|BC|\sin\angle CBB'} \cdot \frac{|CA|\sin\angle A'AC}{|AB|\sin\angle BAA'} \cdot \frac{|BC|\sin\angle C'CB}{|CA|\sin\angle ACC'}$$
$$= \frac{\sin\angle B'BA}{\sin\angle CBB'} \cdot \frac{\sin\angle A'AC}{\sin\angle BAA'} \cdot \frac{\sin\angle C'CB}{\sin\angle ACC'} \quad ①$$

が成り立つ．チェバの定理から，①の値が1であることが3直線 ℓ_A, ℓ_B, ℓ_C が1点で交わるための必要十分条件である．

今の考察を，直線 ℓ_A, ℓ_B, ℓ_C のかわりに，3直線 AP, BP, CP に適用すれば，

$$\frac{\sin\angle PBA}{\sin\angle CBP} \cdot \frac{\sin\angle PAC}{\sin\angle BAP} \cdot \frac{\sin\angle PCB}{\sin\angle ACP} = 1 \quad ②$$

が得られることに注意する．角度に関する定理の仮定から，①の値は，

$$\frac{\sin\angle B'BA}{\sin\angle CBB'} \cdot \frac{\sin\angle A'AC}{\sin\angle BAA'} \cdot \frac{\sin\angle C'CB}{\sin\angle ACC'}$$
$$= \frac{\sin\angle CBP}{\sin\angle PBA} \cdot \frac{\sin\angle BAP}{\sin\angle PAC} \cdot \frac{\sin\angle ACP}{\sin\angle PCB} \quad ③$$

となる．②より③の値は1であり，よって，3直線 ℓ_A, ℓ_B, ℓ_C は1点で交わる． □

三角形の重心の等角共役点を**ルモアーヌ点** (Lemoine) とか**類似重心**という．内心の等角共役点は自分自身である．

三角形 ABC の外心を O，垂心を H とするとき，

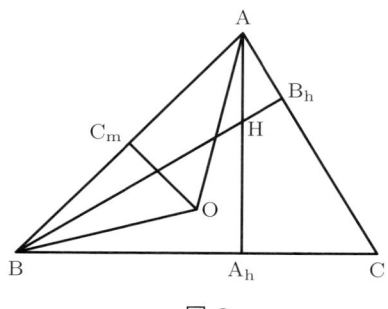

図 2

第 10 章 三角形に関するその他の諸定理

$$\angle \mathrm{BAO} = 90° - C = \angle \mathrm{HAC}$$

であるので，次の定理が得られる (図 2)．

定理 10.2　三角形の外心と垂心は等角共役である．

例題 10.3　鋭角三角形 ABC の頂点 A, B から対辺へ下ろした垂線の足をそれぞれ A_h, B_h とし，H を三角形 ABC の垂心とする．頂角 A の二等分線に関して直線 AA_h と対称な直線と，頂角 B の二等分線に関して直線 BB_h と対称な直線の交点を O とする．直線 AA_h, AO が三角形 ABC の外接円と交わる A 以外の点をそれぞれ M, N とする．また，P = BC∩HN, R = BC∩OM, S = HR∩OP とする．このとき，四角形 AHSO は平行四辺形であることを証明せよ．

(1997 年ラテンアメリカ数学オリンピック問 5)

解答　O は垂心 H の等角共役点なので，△ABC の外心である．

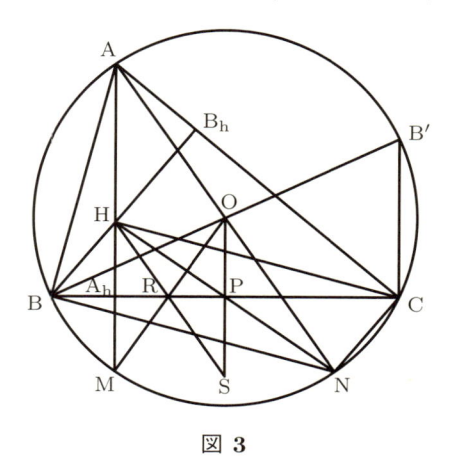

図 3

$\triangle \mathrm{BA_hH} \sim \triangle \mathrm{AB_hH}$ なので，

$$\angle \mathrm{BCN} = \angle \mathrm{BAN} = \angle \mathrm{MAC} = \angle \mathrm{CBB_h}$$

となり，BH // NC がわかる．同様に，AB ⊥ CH なので，$\triangle \mathrm{ABA_h} \sim \triangle \mathrm{CHA_h}$ であり，

$$\angle \text{NBC} = \angle \text{NAC} = \angle \text{BAM} = \angle \text{HCB}$$

となり，BN ∥ HC がわかる．したがって，HBNC は平行四辺形である．その 2 本の対角線は中点で交わるから，P は BC の中点である．

O は △ABC の外心であったから，OP ⊥ BC となり，AH ∥ OS がわかる．

上の議論から，∠HCB = ∠BCM なので，A_h は HM の中点である．△RHM と △RSO は相似な二等辺三角形なので，P は OS の中点となる．O は AN の中点，P は HN の中点なので，中点連結定理により，$|AH| = 2|OP| = |OS|$ が得られる．したがって，AH と OS は平行で長さが等しいので，四角形 AHSO は平行四辺形である． □

参考 P の等角共役点が Q のとき，X = AP ∩ BC，Y = AQ ∩ BC とすると，簡単な計算から，

$$|BY| : |CY| = \frac{|CX|}{|AC|^2} : \frac{|BX|}{|AB|^2}$$

が得られる．したがって，等角共役点を対応させる写像 $f : (\mathbb{R}^2 - \omega) \to \mathbb{R}^2$ (ω は △ABC の外接円) は，以下のように記述できることが容易にわかる．

$a = |BC|$, $b = |CA|$, $c = |AB|$ とし，点 P に対し，

$$ax\overrightarrow{AP} + by\overrightarrow{BP} + cz\overrightarrow{CP} = \mathbf{0}$$

を満たすような実数の組 x, y, z (ただし，$(x, y, z) \neq (0, 0, 0)$) をとり，P = $[x : y : z]$ と表わす．すると，

$$f([x : y : z]) = [yz : zx : xy] = \left[\frac{1}{x} : \frac{1}{y} : \frac{1}{z}\right]$$

となる．なお，I = [1 : 1 : 1]，I_A = [−1 : 1 : 1]，O = [cos A : cos B : cos C]，H = [sec A : sec B : sec C]，G = $\left[\dfrac{1}{a} : \dfrac{1}{b} : \dfrac{1}{c}\right]$ で，ルモアーヌ点は L = $[a : b : c]$ である．

- **等角中心**

三角形には，5 心以外に，上に述べたルモアール点をはじめ 5000 種類以上の「中心」がある．その中で，等角中心は石鹸膜の理論などでも登場する重要

第 10 章 三角形に関するその他の諸定理

105

な点である．

定理 10.4 三角形 △ABC のどの頂角も 120° 未満であると仮定する．すると三角形 ABC の内部の点 F で，

$$\angle AFB = \angle BFC = \angle CFA = 120°$$

を満たす点がただ 1 つ存在する．この点 F を**等角中心**とか**フェルマー点**という．

また，三角形 ABC の各辺の外側に正三角形 BA′C, CB′A, AC′B を作ると，3 直線 AA′, BB′, CC′ は等角中心 F で交わる (図 4)．

さらに，等角中心 F は 3 頂点からの距離の和 $|AF| + |BF| + |CF|$ が最小になるような点である．

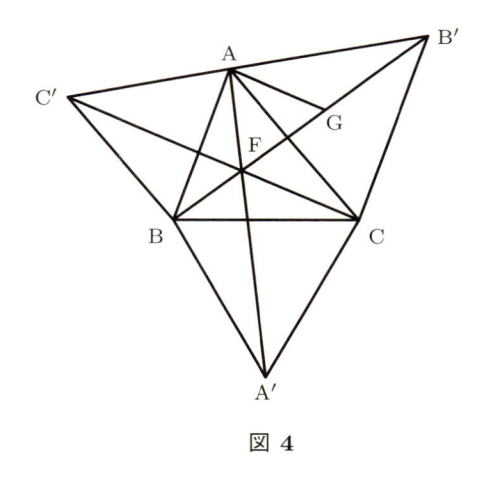

図 4

証明 $F = BB' \cap CC'$ とする．A を中心として 60° 回転すれば，△AC′C は △ABB′ に移る．

F は CC′ 上の点で，60° の回転で CC′ は BB′ に移るから，点 G は直線 BB′ 上にある．

$\triangle AFC \equiv \triangle AGB'$, $\triangle AA'C \equiv \triangle B'BC$ なので

$$\angle FAC = \angle GAB' = 60° - \angle AB'G = 60° - \angle AB'B = \angle BB'C = \angle A'AC$$

である．よって，AA' は点 F を通る．
$$\angle \text{AFB} = \angle \text{BFC} = \angle \text{CFA} = 120° \qquad ②$$
であることは，①からわかる．

②を満たす点が，ただ 1 点であることは，$\angle \text{APB} = 120°$ を満たす P の軌跡である円弧と，$\angle \text{BQC} = 120°$ を満たす Q の軌跡である円弧の交点が F であることからわかる．

最後に $f(P) = |AP| + |BP| + |CP|$ を最小にする点が $P = F$ であることを証明する．点 A を中心にした $60°$ の回転移動で点 P が移る点を Q とする (図 5)．$\triangle \text{APQ}$ は正三角形で，線分 QB' は線分 PC を点 A を中心に $60°$ 回転して得られるから，

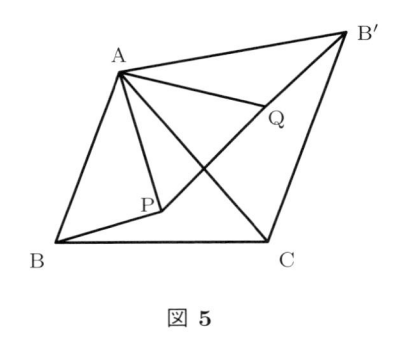

図 5

$$f(P) = |BP| + |AP| + |CP| = |BP| + |PQ| + |QB'| \geqq |BB'|$$

である．ここで，等号が成立するのは，P, Q が線分 BB' 上にある場合であり，それは
$$\angle \text{APB} = \angle \text{BPC} = \angle \text{CPA} = 120°$$
の場合である． □

● ナポレオン点とナポレオンの三角形

定理 10.4 は，いろいろな方向に一般化できる．たとえば，図 4 において，正三角形 BA'C, CB'A, AC'B の外心をそれぞれ，O_1, O_2, O_3 とすると，3 直

線 AO_1, BO_2, CO_3 は 1 点で交わることをナポレオン・ボナパルトが，まだ，将軍・政治家としてデビューする前の青年時代に発見している．この交点を**ナポレオン点**という．このことを，もっと一般的な形で証明しておく．

定理 10.5 三角形 ABC と角度 $-90° < \theta < 90°$ が与えられている．点 A', B', C' は

$$\angle A'BC = \angle BCA' = \angle B'CA = \angle CAB' = \angle C'AB = \angle ABC' = \theta$$

を満たす点として，二等辺三角形 $BA'C, CB'A, AC'B$ を作図する．すると，3 直線 AA', BB', CC' は 1 点 $P = P(\theta)$ で交わる．この点を**キーペルト点**という．

証明 $X = AA' \cap BC, Y = BB' \cap CA, Z = CC' \cap AB$ とおく．$A = \angle BAC$, $a = |BC|$ 等とおくと，$|AB'| = |CB'|$ に注意して，

$$\frac{|AY|}{|YC|} = \frac{Area(\triangle ABB')}{Area(\triangle BCB')} = \frac{\frac{1}{2}|AB| \cdot |AB'| \sin \angle BAB'}{\frac{1}{2}|BC| \cdot |CB'| \sin \angle B'CB} = \frac{c \sin(A + \theta)}{a \sin(C + \theta)}$$

を得る．ただし，$\theta < -A$ または $\theta < -C$ の場合は，三角形の面積や線分の長さは負の値を許して解釈することにする．同様に，

$$\frac{|CX|}{|XB|} = \frac{b \sin(C + \theta)}{c \sin(B + \theta)}, \quad \frac{|BZ|}{|ZA|} = \frac{a \sin(B + \theta)}{b \sin(A + \theta)}$$

である．これらを辺々乗じると，

$$\frac{|AY|}{|YC|} \cdot \frac{|CX|}{|XB|} \cdot \frac{|BZ|}{|ZA|} = 1$$

が得られる．よって，チェバの定理に逆により，3 直線 $AX = AA', BY = BB', CZ = CC'$ は 1 点で交わる． □

定理 10.5 において，$P(30°)$ がナポレオン点，$P(60°)$ が等角中心である．また，$\lim_{\theta \to 0°} P(\theta)$ は重心，$\lim_{\theta \to 90°} P(\theta)$ は垂心である．

△ABC が二等辺三角形でなければ，θ を動かしたとき P(θ) の軌跡は直角双曲線になることが知られており，これを**キーペルト双曲線**という．

定理 10.6 三角形 ABC のどの 2 辺の長さも等しくないとする．この三角形の外側に点 A′, B′, C′ を △BA′C, △CB′A, △AC′B が正三角形になるようにとる．△BA′C, △CB′A, △AC′B の外心をそれぞれ O_1, O_2, O_3 とする．また，BC に関して O_1 と対称な点を N_1，CA に関して O_2 と対称な点を N_2，AB に関して O_3 と対称な点を N_3 とする．このとき，次が成り立つ．

（1） △$O_1 O_2 O_3$ は正三角形である．
（2） △$N_1 N_2 N_3$ は正三角形である．
（3） $Area(\triangle O_1 O_2 O_3) - Area(\triangle N_3 N_2 N_1) = Area(\triangle ABC)$ が成立する．
（4） 3 直線 AN_1, BN_2, CN_3 は 1 点で交わる．
（5） △$O_1 O_2 O_3$ の重心と △$N_1 N_2 N_3$ の重心と △ABC の重心は一致する．

△$O_1 O_2 O_3$ を**外ナポレオン三角形**，△$N_1 N_2 N_3$ を**内ナポレオン三角形**という．

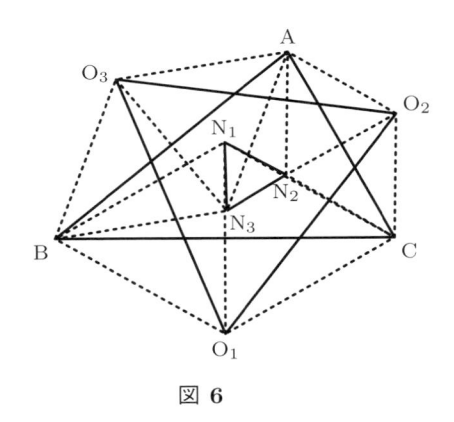

図 6

証明 （1） F を等角中心とする．AF は △ABC′ の外接円と △AB′C の外接円の根軸だから，AF ⊥ $O_2 O_3$ である．同様に，BF ⊥ $O_3 O_1$ だから，

$$\angle O_1 O_3 O_2 = 180° - \angle AFB = 60°$$

である．同様に，$\angle O_2 O_1 O_3 = \angle O_3 O_2 O_1 = 60°$ だから，△$O_1 O_2 O_3$ は正三角形である．

(2) $A = \angle A$, $a = |BC|$ 等とする．$|AO_2| = |AN_2| = \dfrac{b}{\sqrt{3}}$, $\angle O_3AO_2 = A + 60°$, $\angle N_3AN_2 = A - 60°$ 等より，$\triangle AO_3O_2$, $\triangle AN_3N_2$ に余弦定理を用いて，

$$|O_2O_3|^2 = \frac{1}{3}(b^2 + c^2 - 2bc\cos(A + 60°))$$
$$|N_2N_3|^2 = \frac{1}{3}(b^2 + c^2 - 2bc\cos(A - 60°))$$

が成り立つ．これより，

$$|O_2O_3|^2 - |N_2N_3|^2 = \frac{2}{3}bc(\cos(A - 60°) - \cos(A + 60°))$$
$$= \frac{4}{3}bc\sin A \sin 60° = \frac{2}{\sqrt{3}}bc\sin A$$
$$= \frac{4}{\sqrt{3}}Area(\triangle ABC) \qquad ①$$

である．同様に，

$$|O_3O_1|^2 - |N_3N_1|^2 = |O_1O_2|^2 - |N_1N_2|^2 = \frac{4}{\sqrt{3}}Area(\triangle ABC)$$

である，これと，$|O_2O_3| = |O_3O_1| = |O_1O_2|$ より，$|N_2N_3| = |N_3N_1| = |N_1N_2|$ が得られる．

(3) は①と，$Area(\triangle O_1O_2O_3) = \dfrac{\sqrt{3}}{4}|O_2O_3|^2$ 等よりすぐわかる．

(4) は定理 10.5 で，$\theta = -30°$ とおいた場合である．

(5) 複素数平面 $\mathbb{C}$ で考えて，頂点 A, B, C の座標をそれぞれ $a, b, c \in \mathbb{C}$ とする．$\zeta = \cos 30° + \sqrt{-1}\sin 30°$ とおくと，O_1, O_2, O_3 の座標はそれぞれ，

$$c + \frac{\zeta}{\sqrt{3}}(b - c), \quad a + \frac{\zeta}{\sqrt{3}}(c - a), \quad b + \frac{\zeta}{\sqrt{3}}(a - b)$$

である．よって，$\triangle O_1O_2O_3$ の重心の座標は $\dfrac{a + b + c}{3}$ で $\triangle ABC$ の重心の座標と一致する．

N_1 の座標が $c - \dfrac{\zeta}{\sqrt{3}}(b - c)$ であることに注意すれば，$\triangle N_1N_2N_3$ の重心の座標が $\triangle ABC$ の重心の座標と一致することも同様にしてわかる． □

● モーリーの定理

定理 10.7 (モーリーの定理)　三角形 ABC の頂角 A, B, C の 3 等分線を引き，隣り合う線の交点を図 7 のように X, Y, Z とする．すると △XYZ は正三角形である．

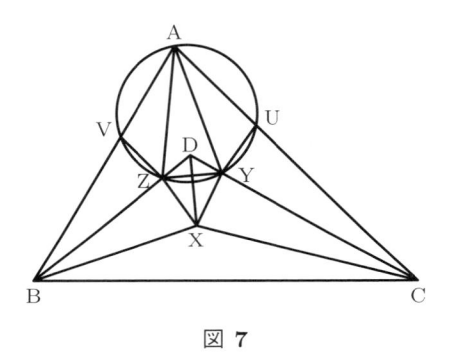

図 7

証明　図 7 のように D = BZ ∩ CY とする．X は，△BCD の内心であるので，DX は角 BDC の二等分線である．

今，∠Y′XD = ∠DXZ′ = 30° となる点 Y′, Z′ をそれぞれ辺 CD, BD 上にとる．Y′, Z′ は DX に対して対称だから，△XY′Z′ は正三角形となる．よって，モーリーの定理を証明するには，Y′ = Y, Z′ = Z を証明すればよい．

CD に関して X と対称な点を U, BD に関して X と対称な点を V とする．U は CA 上の，V は AB 上の点である．CD は角 ACX の二等分線だから，

$$|UY'| = |XY'| = |Y'Z'| = |XZ'| = |VZ'| \qquad ①$$

となる．

$\alpha = \dfrac{A}{3}, \beta = \dfrac{B}{3}, \gamma = \dfrac{C}{3}, \delta = \dfrac{\angle \mathrm{BDC}}{2}$ とおく．$\alpha + \beta + \gamma = 60°$ より，

$\delta = 90° - \beta - \gamma = \alpha + 30°$

$\angle \mathrm{UY'D} = \angle \mathrm{DY'X} = 180° - 30° - \delta = 120° - \alpha$

$\angle \mathrm{UY'Z'} = 2\angle \mathrm{UY'D} - \angle \mathrm{Z'Y'X} = 2(120° - \alpha) - 60° = 180° - 2\alpha$　②

である．同様に，$\angle \mathrm{Y'Z'V} = 180° - 2\alpha$ ····　③ である．

① より，△Y'UZ', △Z'Y'V は二等辺三角形で，② ③ より，
$$\angle Z'UY' = \alpha = \angle Z'VY'$$
となる．よって，円周角の定理の逆により，4 点 V, Z', Y', U は同一円周 Γ 上にある．

今の議論から，円 Γ の弧 $\overgroup{UY'Z'V}$ の上に立つ円周角は $3\alpha = A$ なので，点 A も円周 Γ 上にあることがわかる．すると，円周角の定理から，
$$\angle Y'AU = \alpha = \angle YAU$$
となるので，Y' = Y がわかる．同様に，Z' = Z である． □

● ブロカール点

定理 10.8 三角形 ABC に対し，
$$\angle BA\Omega = \angle CB\Omega = \angle AC\Omega,$$
$$\angle \Omega'AC = \angle \Omega'BA = \angle \Omega'CB$$
を満たす点 Ω, Ω' がそれぞれ一意的に存在する．点 Ω, Ω' を**ブロカール点** (Brocard) という (Ω と Ω' は等角共役点である)．このとき，$\angle BA\Omega = \angle \Omega'AC$ が成り立つ．この角度を**ブロカール角**という．ブロカール角については，
$$\tan \angle BA\Omega = \frac{4S}{a^2+b^2+c^2}$$
が成り立つ．

証明 点 A で直線 AB に接し，点 C を通る円を Γ とする．点 A を通って BC に平行な直線と円 Γ の A 以外の交点を D とし，BD と Γ の B 以外の交点を Ω とする (図 8)．すると，接弦定理，円周角の定理等により，
$$\angle BA\Omega = \angle AC\Omega = \angle AD\Omega = \angle CB\Omega \qquad ①$$
が成り立つ．

図 8

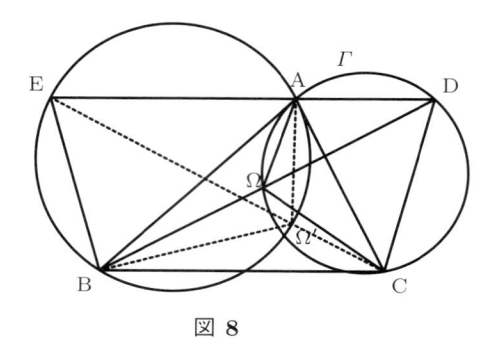

逆に，$\angle BAP = \angle ACP = \angle CBP$ を満たす点 P があったとすると，接弦定理の逆により，$\triangle APC$ の外接円は直線 AB と接する．よって，この外接円は Γ に一致し，$P = \Omega$ となる．

Ω' についても同様である．ここで，円 $AB\Omega'$ と直線 $C\Omega'$ の Ω' 以外の交点を E とすれば，EA // BC で，E, A, D は同一直線上にある．

$$\angle ADC = \angle AD\Omega + \angle \Omega DC = \angle BA\Omega + \angle \Omega AC = \angle BAC = \angle BEA$$

より，BCDE は $|CD| = |BE|$ の等脚台形で，$\triangle DBC \equiv \triangle ECB$ である．よって，$\angle BDC = \angle BEC$ で，$\angle ADB = \angle CEA$ となる．これより，$\angle BA\Omega = \angle \Omega'AC$ である．

ブロカール角を $\theta = \angle CB\Omega$, $x = |A\Omega|$, $y = |B\Omega|$, $z = |C\Omega|$ とおくと，

$$4Area(\triangle \Omega BC) = 2ay \sin\theta = 2ay \cos\theta \tan\theta = (a^2 + y^2 - z^2)\tan\theta$$

となる．同様に，$4Area(\triangle \Omega CA) = (b^2 + z^2 - x^2)\tan\theta$, $4Area(\triangle \Omega AB) = (c^2 + x^2 - y^2)\tan\theta$ だから，これらを加えて，$4S = (a^2 + b^2 + c^2)\tan\theta$ を得る． □

上の証明において，$\triangle DCA \backsim \triangle ABC$ であることに注意する．このことから，三角形 ABC の外側に点 A_1, $B_1 = D$, C_1 を，

$$\triangle A_1BC \backsim \triangle AB_1C \backsim \triangle ABC_1 \backsim \triangle CAB$$

となるようにとると，3 直線 AA_1, BB_1, CC_1 は 1 点 Ω で交わる．また，$\triangle A_1BC$, $\triangle AB_1C$, $\triangle ABC_1$ の外接円も 1 点 Ω で交わる (演習 13 問 5 参照)．

第 10 章 三角形に関するその他の諸定理

例題 10.9 △ABC の内部に点 P を任意にとるとき，∠BAP, ∠CBP, ∠ACP のうちの少なくとも 1 つは 30° 以下であることを証明せよ．

(1991 年国際数学オリンピック問 5)

解答 ブロカール角を θ とし，$\angle BA\Omega = \angle CB\Omega = \angle AC\Omega = \theta$ を満たすブロカール点 Ω をとる．点 P は △ΩBA, △ΩCB, △ΩAC のいずれかの内部または周上にある．たとえば，P が △ΩBA 上にあれば，

$$\angle CBP \leqq \angle CB\Omega = \theta$$

である．そこで，$\theta \leqq 30°$ を示せば，題意が示される．

今，対称性から $\angle CBA \leqq 60°$ と仮定しても一般性を失わない．点 D と円 Γ は定理 10.8 の証明と同様とする．BC に平行で Γ に接する直線 ℓ を，BC が ℓ と A の間にくるようにとる．$T = \Gamma \cap \ell, S = \ell \cap AB$ とおくと，

$$\theta = \angle CB\Omega = \angle CBD = \angle TSD - \angle BDS \leqq \angle TSD \qquad ①$$

である．$x = |ST|$, 点 T に関して S と対称な点を S′ とすると，ASS′D は等脚台形で，$|DS'| = |AS| = |ST| = |TS'| = x$ を満たす (図 9)．余弦定理および相加平均と相乗平均の不等式より，

$$\cos \angle TSD = \frac{|DS|^2 + |SS'|^2 - |DS'|^2}{2|DS| \cdot |SS'|} = \frac{3x^2 + |DS|^2}{4x \cdot |DS|}$$

$$\geqq \frac{2\sqrt{3x^2 \cdot |DS|^2}}{4x \cdot |DS|} = \frac{2\sqrt{3}x \cdot |DS|}{4x \cdot |DS|} = \frac{\sqrt{3}}{2}$$

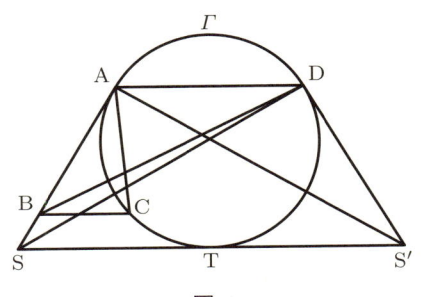

図 9

となり，∠TSD ≦ 30° を得る．① より，$\theta \leq 30°$ が証明された． □

参考 ルモアーヌ点，ブロカール点に関連して，以下の諸事実が知られている．

（1） 三角形 ABC のルモアーヌ点 L を通り △ABC の各辺に平行な 3 直線と，各辺の交点として得られる 6 点は同一円周上にある．この円を**第 1 ルモアーヌ円**という．

（2） O を △ABC の外心とするとき，2 つのブロカール点 Ω, Ω' は線分 LO を直径とする円周上にある．この円を**ブロカール円**という．また，$A\Omega$ とブロカール円の Ω 以外の交点を C_2 とすれば，$LC_2 \parallel AB$ である．さらに，A_2, B_2 を C_2 と同様に定めれば，3 直線 AA_2, BB_2, CC_2 は L の等距離共役点 (演習 10 問 2 参照) で交わる．

（3） 線分 AL, BL, CL 上にそれぞれ点 A_3, B_3, C_3 を $A_3B_3 \parallel AB$, $B_3C_3 \parallel BC$, $C_3A_3 \parallel CA$ となるようにとる．このとき，3 直線 A_3B_3, B_3C_3, C_3A_3 と △ABC の周の交点として得られる 6 点は同一円周上にある．このようにして得られる円を**タッカー円 (群)**(Tucker) という．ルモアーヌ円はタッカー円である．

これらの定理の証明や，ルモアーヌ点 (円)，ブロカール点 (円) のもっと詳しい性質の紹介は，本書では割愛する．これらについては，以下を参照されたい．

[1] 岩田至康『幾何学大辞典』第 1 巻，槙書店，p.287-294

[2] Traian Lalescu, "Geometria Triughiuli", Editura Apollo, Craiova, 1993

―――― 演習問題 10 ――――

1. 三角形 ABC の外角 A の二等分線と直線 BC の交点を A_x, 外角 B の二等分線と直線 CA の交点を B_x, 外角 C の二等分線と直線 AB の交点を C_x とする．また，A_b, B_b, C_b は各内角の二等分線と対辺の交点とする．このとき，線分 A_bA_x を直径とする円，線分 B_bB_x を直径とする円，線分 C_bC_x を直径とする円は同じ 2 点で交わることを証明せよ．上の 3 円を △ABC の**アポロニウスの円**といい，3 円の 2 交点を**等力点**という．

2. 三角形 ABC の辺 BC 上に点 A_1, A_2 があり，辺 CA 上に点 B_1, B_2，辺 AB 上に点 C_1, C_2 があって，

$$|BA_1| = |CA_2|, \quad |CB_1| = |AB_2|, \quad |AC_1| = |BC_2|$$

を満たしている．もし，3 直線 AA_1, BB_1, CC_1 が 1 点 P で交わるならば，3 直線 AA_2, BB_2, CC_2 もある 1 点 Q で交わることを証明せよ．

この点 Q を点 P の**等距離共役点**という．

3.（1） 三角形 ABC の内接円と辺 BC, CA, AB の接点をそれぞれ A_i, B_i, C_i とするとき，3 直線 AA_i, BB_i, CC_i は 1 点で交わることを証明せよ．この交点を**ジェルゴンヌ点** (Gergonne) という．

（2） 三角形 ABC の 3 個の傍接円と辺 BC, CA, AB の接点をそれぞれ A_e, B_e, C_e とするとき，3 直線 AA_e, BB_e, CC_e は 1 点で交わることを証明せよ．この交点を**ナーゲル点** (Nagel) という．

4. 三角形 ABC の内接円と BC, CA, AB の接点をそれぞれ A_i, B_i, C_i とする．また，三角形 ABC の外接円の弧 $\overarc{BAC}, \overarc{CBA}, \overarc{ACB}$ の中点をそれぞれ A_3, B_3, C_3 とする．このとき，3 直線 A_iA_3, B_iB_3, C_iC_3 は 1 点で交わることを証明せよ．

(1998 年ロシア数学オリンピック 11 年生 5 次問 2)

5.（1） 平面上に三角形 ABC と相異なる 3 点 P, Q, R がある．P, Q, R からそれぞれ BC, CA, AB に下ろした垂線が 1 点で交わるための必要十分条

件は
$$|PB|^2 + |QC|^2 + |RA|^2 = |PC|^2 + |QA|^2 + |RB|^2$$
であることを証明せよ．

（2）平面上に三角形 ABC と直線 ℓ があり，頂点 A, B, C から ℓ に下ろした垂線の足をそれぞれ P, Q, R とする．このとき，P, Q, R からそれぞれ BC, CA, AB に下ろした垂線は 1 点で交わることを証明せよ．この交点を，三角形 ABC の ℓ に関する**直極点**とか**ノイベルク点** (Neuberg) という．

6. 三角形 ABC の外側に，正三角形 $\triangle BA'C$, $\triangle CB'A$, $\triangle AC'B$ が描かれている．線分 $C'A'$ の中点から CA に引いた垂線，線分 $A'B'$ の中点から AB に引いた垂線，線分 $B'C'$ の中点から BC に引いた垂線は 1 点で交わることを証明せよ．

(2003 年バルト海団体数学コンテスト問 14)

7. 三角形 ABC の内心を I とし，内接円が辺 BC, CA, AB と接する点をそれぞれ A_i, B_i, C_i とする．また，線分 AI, BI, CI と内接円との交点を，それぞれ A_4, B_4, C_4 とする．このとき，直線 A_iA_4, B_iB_4, C_iC_4 は 1 点で交わることを証明せよ．

(1984 年ソ連数学オリンピック 9 年生問 4)

―― 解答 ――

1. 線分 A_bA_x, B_bB_x, C_bC_x を直径とする円をそれぞれ $\omega_1, \omega_2, \omega_3$ とする．また，$a = |BC|$, $b = |CA|$, $c = |AB|$ とする．

$\angle A_bAA_x = 90°$ だから，ω_1 は点 A を通る．二等分線定理等より，
$$|BA_b| : |CA_b| = |BA_x| : |CA_x| = |BA| : |CA| = c : b$$
であるから，ω_1 は $|BP| : |CP| = c : b$ を満たす点 P の軌跡として定まるアポロニウスの円である．特に，$T \in \omega_1 \cap \omega_2$ とすると，T は ω_1 上にあるので $|BT| : |CT| = c : b = ac : ab$ を満たす．

図 10

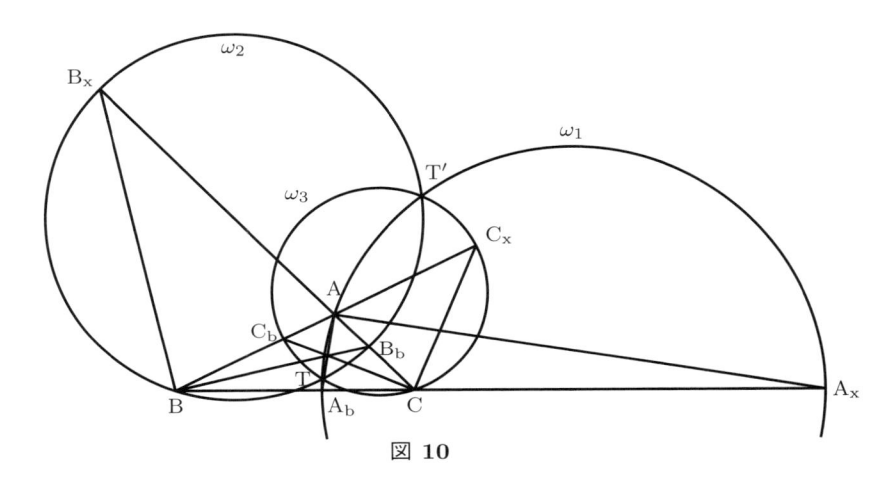

同様に，T は ω_2 上にあるので $|CT|:|AT|=|CB|:|AB|=a:c=ab:bc$ を満たす．よって，$|AT|:|BT|=bc:ac=b:a=|AC|:|BC|$ となり，T は ω_3 上にある． □

2. 3 直線 AA_1, BB_1, CC_1 が 1 点で交わるからチェバの定理より，

$$\frac{|AB_2|}{|B_2C|}\cdot\frac{|CA_2|}{|A_2B|}\cdot\frac{|BC_2|}{|C_2A|}=\frac{|CB_1|}{|AB_1|}\cdot\frac{|BA_1|}{|CA_1|}\cdot\frac{|AC_1|}{|BC_1|}=1$$

である．よって，チェバの定理の逆により，3 直線 AA_2, BB_2, CC_2 は 1 点で交わる． □

3. (1) $|AB_i|=|C_iA|$ 等より，

$$\frac{|AB_i|}{|B_iC|}\cdot\frac{|CA_i|}{|A_iB|}\cdot\frac{|BC_i|}{|C_iA|}=1$$

で，チェバの定理の逆により，3 直線 AA_i, BB_i, CC_i は 1 点で交わる．

(2) 上の問 2 の結果から，ジェルゴンヌ点の等距離共役点として，3 直線 AA_e, BB_e, CC_e は 1 点で交わる． □

4. △ABC の外接円に点 A_3, B_3, C_3 で外接する △A'B'C' を作図する．ただし，A_3, B_3, C_3 はそれぞれ辺 B'C', C'A', A'B' 上の点とする (図 11)．

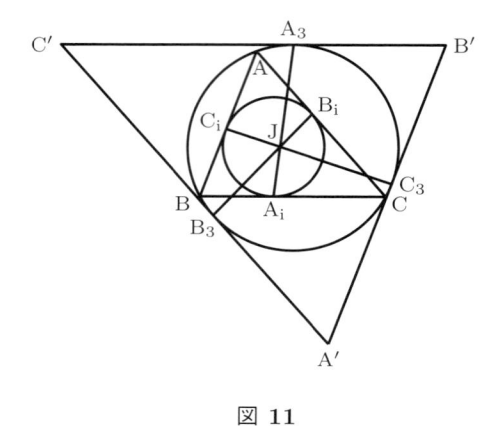

図 11

三角形 ABC の外心を O とするとき，B'C' ⊥ OA_3 ⊥ BC より，B'C' // BC である．同様に，C'A' // CA, A'B' // AB なので，△A'B'C' ∽ △ABC である．この相似の中心を J とすると，対応する点を結ぶ 3 直線 A_iA_3, B_iB_3, C_iC_3 は相似の中心 J で交わる． □

5. (1) P から BC に下ろした垂線と，Q から CA に下ろした垂線の交点を X とおく．$\mathbf{a} = \overrightarrow{XA}$, $\mathbf{b} = \overrightarrow{XB}$, $\mathbf{c} = \overrightarrow{XC}$, $\mathbf{p} = \overrightarrow{XP}$, $\mathbf{q} = \overrightarrow{XQ}$, $\mathbf{r} = \overrightarrow{XR}$ とする．PX ⊥ BC, QX ⊥ CA より，

$$\mathbf{b} \cdot \mathbf{p} = \mathbf{c} \cdot \mathbf{p}, \quad \mathbf{c} \cdot \mathbf{q} = \mathbf{a} \cdot \mathbf{q} \qquad ①$$

である．もし，R から AB に下ろした垂線が X を通れば，RX ⊥ AB より，$\mathbf{a} \cdot \mathbf{r} = \mathbf{b} \cdot \mathbf{r}$ が成り立ち，

$|PB|^2 + |QC|^2 + |RA|^2$
$= |\mathbf{b} - \mathbf{p}|^2 + |\mathbf{c} - \mathbf{q}|^2 + |\mathbf{a} - \mathbf{r}|^2$
$= |\mathbf{a}|^2 + |\mathbf{b}|^2 + |\mathbf{c}|^2 + |\mathbf{p}|^2 + |\mathbf{q}|^2 + |\mathbf{r}|^2 - 2\mathbf{a} \cdot \mathbf{r} - 2\mathbf{b} \cdot \mathbf{p} - 2\mathbf{c} \cdot \mathbf{q}$
$= |\mathbf{a}|^2 + |\mathbf{b}|^2 + |\mathbf{c}|^2 + |\mathbf{p}|^2 + |\mathbf{q}|^2 + |\mathbf{r}|^2 - 2\mathbf{b} \cdot \mathbf{r} - 2\mathbf{c} \cdot \mathbf{p} - 2\mathbf{a} \cdot \mathbf{q}$

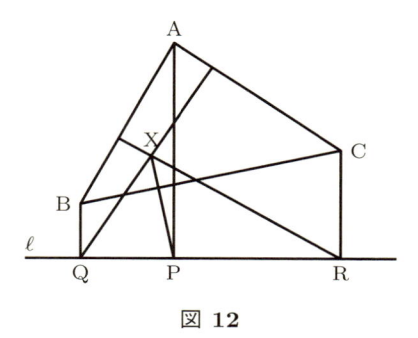

図 12

$$= |\mathbf{c} - \mathbf{p}|^2 + |\mathbf{a} - \mathbf{q}|^2 + |\mathbf{b} - \mathbf{r}|^2$$
$$= |\mathrm{PC}|^2 + |\mathrm{QA}|^2 + |\mathrm{RB}|^2 \qquad ②$$

が成り立つ．

逆に②が成り立てば，①より $\mathbf{a} \cdot \mathbf{r} = \mathbf{b} \cdot \mathbf{r}$ が成り立ち，$\mathrm{RX} \perp \mathrm{AB}$ となる．

（2） 上の結果を使えば，次の計算によって証明される．

$$|\mathrm{PB}|^2 + |\mathrm{QC}|^2 + |\mathrm{RA}|^2 - |\mathrm{PC}|^2 - |\mathrm{QA}|^2 - |\mathrm{RB}|^2$$
$$= (|\mathrm{PQ}|^2 + |\mathrm{BQ}|^2) + (|\mathrm{QR}|^2 + |\mathrm{CR}|^2) + (|\mathrm{PR}|^2 + |\mathrm{AP}|^2)$$
$$\quad - (|\mathrm{PR}|^2 + |\mathrm{CR}|^2) - (|\mathrm{PQ}|^2 + |\mathrm{AP}|^2) - (|\mathrm{QR}|^2 + |\mathrm{BQ}|^2)$$
$$= 0 \qquad \square$$

6. 線分 $\mathrm{B'C'}$, $\mathrm{C'A'}$, $\mathrm{A'B'}$ の中点をそれぞれ A_0, B_0, C_0 とする．$\triangle \mathrm{A'B'C'}$ の重心を原点として平面上に (x, y)-座標を設定し，$f(x, y) = \left(-\dfrac{x}{2}, -\dfrac{y}{2}\right)$ により写像 $f \colon \mathbb{R}^2 \to \mathbb{R}^2$ を定める．この相似変換 f により $\triangle \mathrm{A'B'C'}$ は $\triangle \mathrm{A}_0 \mathrm{B}_0 \mathrm{C}_0$ に移る．

ところで，$\mathrm{A'}$ から BC に引いた垂線 ℓ_1 は辺 BC の垂直二等分線である．このことから，$\mathrm{B'}$ から CA に引いた垂線を m_1, $\mathrm{C'}$ から AB に引いた垂線を n_1 とすると，3 直線 ℓ_1, m_1, n_1 は $\triangle \mathrm{ABC}$ の外心 O_1 で交わる．

$f(\ell_1)$ は A_0 から BC に下ろした垂線，$f(m_1)$ は B_0 から CA に下ろした垂線，$f(n_1)$ は C_0 から AB に下ろした垂線であり，これらは 1 点 $f(\mathrm{O}_1)$ に

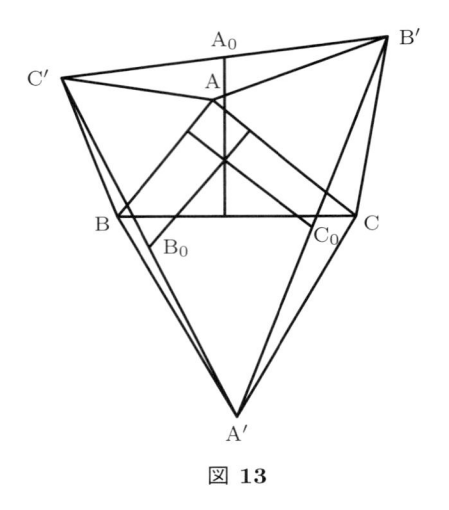

おいて交わる.　　　　　　　　　　　　　　　　　　　　　　　　□

7. 直線 A_iA_4, B_iB_4, C_iC_4 が △$A_iB_iC_i$ の各頂角の二等分線であることを示せば，3 直線は △$A_iB_iC_i$ の内心で交わる．

図 14

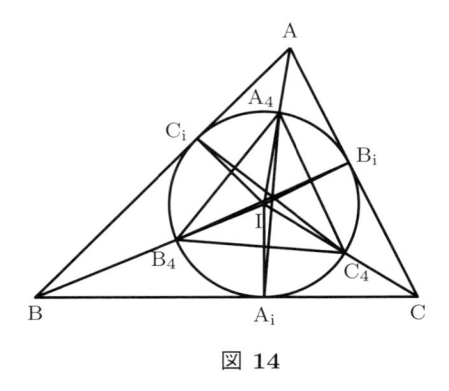

点 B_i と C_i とは AI に関して対称な点であり，A_4 は円弧 $\widehat{B_iC_i}$ の中点である．したがって，$\angle B_iA_iA_4 = \angle C_iA_iA_4$ で，A_iA_4 は角 $B_iA_iC_i$ の二等分線である．他も同様である．　　　　　　　　　　　　　　　　　　　　　　　□

第 11 章

円に内接する四角形とシムソン線

本章では，四角形 ABCD に対し，$a = |AB|, b = |BC|, c = |CD|, d = |DA|$，$A = \angle BAD, B = \angle CBA, C = \angle DCB, D = \angle ADC$ とし，対角線の長さを $p = |AC|, q = |BD|$ とおく (図 1)．また，2 本の対角線の交点を X $= AC \cap BD$ とし，2 本の対角線のなす角度を $\theta = \angle DXA = \angle BXC$ とする．そして，四角形 ABCD の面積を S，周長の半分 (semi-perimeter) を $s = \dfrac{a+b+c+d}{2}$ とおく．さらに，$\varphi = \dfrac{A+C}{2}$ とおく．

$$\cos \frac{A+C}{2} = -\cos \frac{B+D}{2}, \quad \sin \frac{A+C}{2} = \sin \frac{B+D}{2}$$

であることに注意する．

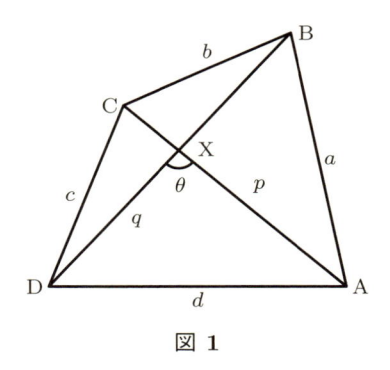

図 1

● **四角形の面積**

本題に入る前に，三角形のヘロンの公式に相当する四角形の面積の公式を証明しておく．

定理 11.1 四角形 ABCD の面積 S は次式で与えられる.
$$S = \sqrt{(s-a)(s-b)(s-c)(s-d) - abcd\cos^2\varphi}$$
$$= \frac{1}{2}\sqrt{p^2q^2 - \left(\frac{a^2-b^2+c^2-d^2}{2}\right)^2}$$

証明 $2S = 2Area(\triangle \text{DAB}) + 2Area(\triangle \text{BCD}) = ad\sin A + bc\sin C$ ①
である. 余弦定理により,
$$|\text{BD}|^2 = b^2 + c^2 - 2bc\cos C = a^2 + d^2 - 2ad\cos A$$
である. これより,
$$ad\cos A - bc\cos C = \frac{1}{2}(a^2 + d^2 - b^2 - c^2) \quad ②$$
を得る. ①, ②の両辺を 2 乗すると,
$$a^2d^2\sin^2 A + b^2c^2\sin^2 C + 2abcd\sin A\sin C = 4S^2 \quad ③$$
$$a^2d^2\cos^2 A + b^2c^2\cos^2 C - 2abcd\cos A\cos C = \frac{1}{4}(a^2+d^2-b^2-c^2)^2 \quad ④$$
となる.
$$2(\sin A\sin C - \cos A\cos C) = -2\cos(A+C) = 2 - 4\cos^2\varphi$$
に注意して, ③, ④ の辺々を足すと,
$$a^2d^2 + b^2c^2 + 2abcd - 4abcd\cos^2\varphi = 4S^4 + \frac{1}{4}(a^2+d^2-b^2-c^2)^2$$
となる. よって,
$16S^2 + 16abcd\cos^2\varphi$
$= 4a^2d^2 + 4b^2c^2 + 8abcd - (a^2+d^2-b^2-c^2)^2$
$= 4a^2d^2 + 4b^2c^2 + 8abcd - (a^2-b^2)^2 - (c^2-d^2)^2 + 2(a^2-b^2)(c^2-d^2)$
$= -(a^2-b^2)^2 - (c^2-d^2)^2 + 2(a^2d^2 + b^2c^2 + a^2c^2 + b^2d^2 + 4abcd)$
$= -(a+b)^2(a-b)^2 - (c+d)^2(c-d)^2 + (a+b)^2(c+d)^2 + (a-b)^2(c-d)^2$

$$= ((a+b)^2 - (c-d)^2)((c+d)^2 - (a-b)^2)$$
$$= (a+b+c-d)(a+b-c+d)(a-b+c+d)(-a+b+c+d)$$
$$= 16(s-a)(s-b)(s-c)(s-d)$$

となる．これより，前半の等式を得る．後半を示す．
$$4S^2 = (pq\sin\theta)^2 = p^2q^2(1-\cos^2\theta)$$
である．$\triangle$XAB, $\triangle$XBC, $\triangle$XCD, $\triangle$XDA に余弦定理を用いると，
$$2|\mathrm{AX}|\cdot|\mathrm{BX}|\cos\theta = -(|\mathrm{AX}|^2 + |\mathrm{BX}|^2 - a^2)$$
$$2|\mathrm{BX}|\cdot|\mathrm{CX}|\cos\theta = |\mathrm{BX}|^2 + |\mathrm{CX}|^2 - b^2$$
$$2|\mathrm{CX}|\cdot|\mathrm{DX}|\cos\theta = -(|\mathrm{CX}|^2 + |\mathrm{DX}|^2 - c^2)$$
$$2|\mathrm{DX}|\cdot|\mathrm{AX}|\cos\theta = |\mathrm{DX}|^2 + |\mathrm{AX}|^2 - d^2$$
である．これを辺々加えると，
$$2pq\cos\theta = a^2 - b^2 + c^2 - d^2$$
を得る．よって，
$$S = \frac{1}{2}\sqrt{p^2q^2 - \left(\frac{a^2-b^2+c^2-d^2}{2}\right)^2}$$
を得る． □

● 円に内接する四角形

 4頂点が1つの円周上にある四角形を，英語では cyclic quadrilateral という．適当な訳語がないので，日本語で書くときは，「円に内接する四角形」と説明的に表現するのが普通である．しかし，幾何学的には「円に内接する四角形」は，平行四辺形とか台形のように，特別な四角形の類を形成しているので，たとえば，共円四角形とか，円座四角形のような特別な用語を作ってよび表わすべきものである．「円に内接する四角形」は，円の幾何学と関連して，幾何学的に大変おもしろい性質をたくさんもっており，初等幾何の問題の題材として好

んで使われる．

定理 11.2 (トレミーの定理)　四角形 ABCD が円に内接するとき，
$$pq = ac + bd \qquad ①$$
が成り立つ．逆に四角形 ABCD に対し ① が成り立つとき，ABCD はある円に内接する．

証明はよく知られているので割愛する．たとえば，清宮俊雄『モノグラフ 幾何学』p.38〜39 参照．

● 計量的性質

円に内接する四角形においては，次の公式が成立する．

定理 11.3　四角形 ABCD の外接円の半径を R とする．
（１）　$S = \sqrt{(s-a)(s-b)(s-c)(s-d)}$
（２）　$\sin\theta = \dfrac{2S}{ac+bd}$
（３）　$p = \sqrt{\dfrac{(ad+bc)(ac+bd)}{ab+cd}}$
（４）　$\cos A = \dfrac{a^2+d^2-b^2-c^2}{2(ad+bc)}$
（５）　$(4RS)^2 = (ab+cd)(ac+bd)(ad+bc)$

証明　（１）は定理 11.1 において，$\varphi = \dfrac{A+C}{2} = 90°$ とおけば得られる．

（２）は，$2S = pq\sin\theta$ とトレミーの定理 $pq = ac+bd$ より得られる．

（３）　$2S = ad\sin A + bc\sin C = (ad+bc)\sin A = (ab+cd)\sin B$ である．正弦定理により，$2R = \dfrac{q}{\sin A} = \dfrac{p}{\sin B}$ だから，$q(ad+bc) = p(ab+cd)$ を得る．これとトレミーの定理 $pq = ac+bd$ より，
$$p^2 = \dfrac{(ad+bc)pq}{ab+cd} = \dfrac{(ad+bc)(ac+bd)}{ab+cd}$$
となり，結論を得る．

（4） $\triangle$DAB に余弦定理を適用し，（3）の結果 $q^2 = \dfrac{(ab+cd)(ac+bd)}{(ad+bc)}$ を代入すると，

$$\cos A = \frac{a^2+d^2-q^2}{2ad} = \frac{(a^2+d^2)(ad+bc)-(ab+cd)(ac+bd)}{2ad(ad+bc)}$$
$$= \frac{a^3d+ad^3-ab^2d-ac^2d}{2ad(ad+bc)} = \frac{a^2+d^2-b^2-c^2}{2(ad+bc)}$$

を得る．

（5） 正弦定理により，

$$2S = ad\sin A + bc\sin C = \frac{adq}{2R} + \frac{bcq}{2R} = \frac{(ad+bc)q}{2R}$$

である．よって，$4RS = (ad+bc)q$ である．同様に，$4RS = (ab+cd)p$ である．トレミーの定理により，

$$(4RS)^2 = (ad+bc)(ab+cd)pq = (ab+cd)(ac+bd)(ad+bc)$$

を得る． □

● シムソン線

定理 11.4（シムソンの定理） 円 $\varGamma$ に内接する四角形 ABCD において，点 D から，直線 BC, CA, AB に下ろした垂線の足をそれぞれ E, F, G とおく．

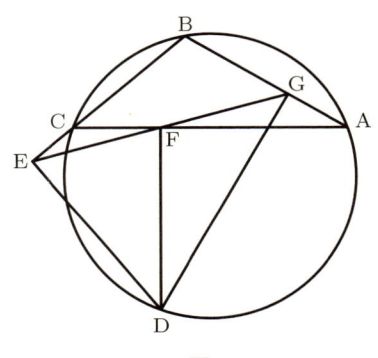

図 2

すると，E, F, G は同一直線上にある．この直線を三角形 ABC の点 D に関するシムソン線という (図 2)．

証明 円を複素数平面上の単位円 $|z|=1$ とし，A, B, C, D の座標をそれぞれ $a=e^{i\theta_1}=\cos\theta_1+i\sin\theta_1$, $b=e^{i\theta_2}$, $c=e^{i\theta_3}$, $d=e^{i\theta_4}$ とおく．直線 BC の方程式は

$$z+bc\bar{z}=b+c \qquad ①$$

である．実際，$z=b$ とした場合，および，$z=c$ とした場合，① は成立するので，① は直線 BC の方程式である．

点 E, F, G の座標をそれぞれ $e, f, g \in \mathbb{C}$ とおく．一般に，直線 $\alpha z+\beta\bar{z}=0$ $(|\alpha|=|\beta|=1)$ と，直線 $\alpha z-\beta\bar{z}=0$ は直交することに注意する．直線 DE，つまり D を通って，BC に垂直な直線の方程式は，

$$z-bc\bar{z}=d-\frac{bc}{d} \qquad ②$$

であるから，① と ② の交点 E の座標 e は，

$$e=\frac{1}{2}\left(b+c+d-\frac{bc}{d}\right) \qquad ③$$

である (③ は公式として利用されることもある)．同様に，

$$f=\frac{1}{2}\left(c+a+d-\frac{ca}{d}\right), \quad g=\frac{1}{2}\left(a+b+d-\frac{ab}{d}\right)$$

である．$a\bar{a}=b\bar{b}=c\bar{c}=d\bar{d}=1$ に注意すると，$z=e, f, g$ は

$$dz-abc\bar{z}=\frac{1}{2}\left(d^2+(a+b+c)d-(ab+bc+ca)-\frac{abc}{d}\right) \qquad ④$$

を満たすことがわかる．これは，直線の方程式であり，よって，E, F, G は同一直線 ④ 上にある． □

注意 一般に，$|\alpha|=|\beta|$, $\arg\alpha+\arg\beta\equiv 2\arg\gamma \pmod{2\pi}$ を満たす複素数 α, β, γ が与えられたとき，

$$\alpha z + \beta \overline{z} + \gamma = 0$$

を満たす複素数 z 全体の集合は，複素数平面 (ガウス平面) 上の直線になる．逆に，複素数平面上の直線は，上の形の方程式で表わせる．

定理 11.4 において，△ABC の垂心を H とすると，シムソン線 EF は線分 DH を二等分する (**スタイネルの定理**)．その他，シムソン線やそれに関連する多くの定理が知られている．本書では，これらの話題は割愛するので，以下の文献を参照されたい．

[1]　清宮俊雄『モノグラフ 幾何学 改訂版』科学振興新社 (p.54〜76)
[2]　安藤清・佐藤敏明『初等幾何学』森北出版 (p.83〜89)
[3]　岩田至康『幾何学大辞典』(各巻に関連する話題あり)

—— 演習問題 11 ——

1. ABCD は円 Γ に内接する四角形で，M は円周 Γ 上の点とする．点 H_1, H_2, H_3, H_4 はそれぞれ三角形 MAB, MBC, MCD, MDA の垂心とする．E を AB の中点，F を CD の中点とする．このとき次の (1), (2) を示せ．
（1）　$H_1 H_2 H_3 H_4$ は平行四辺形である．
（2）　$|H_1 H_3| = 2|EF|$．

(2002 年秋 都市対抗数学コンテスト 年少の部 初級問題問 1)

2. 四角形 ABCD は円に内接している．三角形 BCD, ACD, ABD, ABC の内接円の半径をそれぞれ r_a, r_b, r_c, r_d とする．このとき，$r_a + r_c = r_b + r_d$ が成立することを証明せよ．

(1996 年バルト海団体数学コンテスト問 5)

3. 三角形 ABC の外接円上に点 D_1, D_2 があり，D_1 と D_2 は外心 O について対称な位置にあるとする．このとき，D_1 に関するシムソン線と D_2 に関するシムソン線は直交することを証明せよ．

(1990 年バルト海団体数学コンテスト問 8)

4. 四角形 ABCD は円に内接している．点 D から直線 BC, CA, AB に下ろした垂線の足をそれぞれ E, F, G とする．このとき，|EF| = |FG| が成り立つための必要十分条件は，角 ABC の二等分線と角 ADC の二等分線が AC 上で交わることであることを示せ．

(2003 年国際数学オリンピック問 4)

5. P_1, P_2, P_3, P_4 は同一円周上の 4 点とし，I_1 は $\triangle P_2P_3P_4$ の内心，I_2 は $\triangle P_1P_3P_4$ の内心，I_3 は $\triangle P_1P_2P_4$ の内心，I_4 は $\triangle P_1P_2P_3$ の内心とする．このとき，四角形 $I_1I_2I_3I_4$ は長方形であることを証明せよ．

(1996 年アジア太平洋数学オリンピック問 3)

—— 解答 ——

1. (1) Γ の中心を O とする．O は $\triangle MAB, \triangle MBC, \triangle MCD, \triangle MDA$ の外心であるから，

$$\overrightarrow{OH_1} = \overrightarrow{OM} + \overrightarrow{OA} + \overrightarrow{OB}, \quad \overrightarrow{OH_2} = \overrightarrow{OM} + \overrightarrow{OB} + \overrightarrow{OC}$$
$$\overrightarrow{OH_3} = \overrightarrow{OM} + \overrightarrow{OC} + \overrightarrow{OD}, \quad \overrightarrow{OH_4} = \overrightarrow{OM} + \overrightarrow{OD} + \overrightarrow{OA}$$

が成り立つ．よって，

$$\overrightarrow{H_1H_2} = \overrightarrow{OH_2} - \overrightarrow{OH_1} = \overrightarrow{OC} - \overrightarrow{OA} = \overrightarrow{OH_3} - \overrightarrow{OH_4} = \overrightarrow{H_4H_3}$$

となるので，$H_1H_2H_3H_4$ は平行四辺形である．

(2) $\overrightarrow{H_1H_3} = \overrightarrow{OH_3} - \overrightarrow{OH_1} = \overrightarrow{OC} + \overrightarrow{OD} - \overrightarrow{OA} - \overrightarrow{OB} = \overrightarrow{AD} + \overrightarrow{BC} = 2\overrightarrow{EF}$
より，$|H_1H_3| = 2\,|EF|$ である． □

2. $\alpha = \angle BAC = \angle BDC$, $\beta = \angle CBD = \angle CAD$, $\gamma = \angle DCA = \angle DBA$, $\delta = \angle ADB = \angle ACB$ とおき，四角形 ABCD の外接円の半径を R とする (図 3)．$\triangle BCD$ に定理 3.6 (2) を用いると，

$$r_a = (\cos\alpha + \cos\beta + \cos(\gamma + \delta) - 1)R$$

第 11 章 円に内接する四角形とシムソン線

図 3

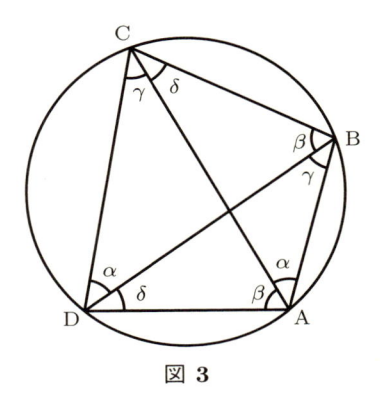

を得る．$\triangle ABD$ に定理 3.6 (2) を用いると，
$$r_c = (\cos\gamma + \cos\delta + \cos(\alpha+\beta) - 1)R$$
となる．$\alpha + \beta + \gamma + \delta = 180°$ だから，
$$r_a + r_c = (\cos\alpha + \cos\beta + \cos\gamma + \cos\delta - 2)R$$
となる．同様に，
$$r_b + r_d = (\cos\alpha + \cos\beta + \cos\gamma + \cos\delta - 2)R$$
だから，$r_a + r_c = r_b + r_d$ である． □

3. D_1, D_2 から直線 CA に下ろした垂線の足をそれぞれ F_1, F_2 とし，D_1, D_2 から直線 AB に下ろした垂線の足をそれぞれ G_1, G_2 とする（図 4）．

4 点 A, F_1, G_1, D_1 は同一円周上にあるから，
$$\angle D_1F_1G_1 \equiv \angle D_1AG_1 \equiv \angle D_1AB \equiv \frac{1}{2}\angle D_1OB \pmod{180°}$$
である．同様に，$\angle G_2F_2D_2 \equiv \frac{1}{2}\angle BOD_2 \pmod{180°}$ で，
$$\angle D_1OB + \angle BOD_2 \equiv 180° \pmod{360°}$$
だから，

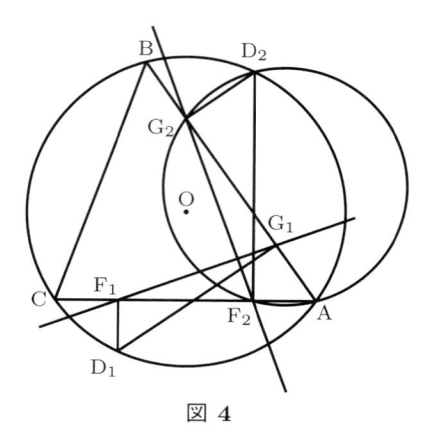

$$\measuredangle D_1F_1G_1 + \measuredangle G_2F_2D_2 \equiv 90° \pmod{180°}$$

である．$D_1F_1 \mathbin{/\!/} F_2D_2$ だから，これは $F_1G_1 \perp F_2G_2$ を意味する． □

4. 角 CBA の二等分線と AC の交点を P，角 ADC の二等分線と AC の交点を Q とする．二等分線定理により，$|BA| : |BC| = |AP| : |CP|$，$|DA| : |DC| = |AQ| : |CQ|$ なので，P = Q となるための必要十分条件は，$|BA| : |BC| = |DA| : |DC|$ であることに注意する．

∠CFD = ∠CED = 90° より，4 点 D, F, C, E は同一円周上にあるので，

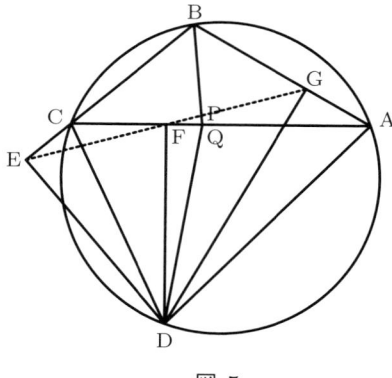

図 5

∠DEF = ∠DCF = ∠DCA である．同様に，D, F, G, A は同一円周上にあり，∠CAD = ∠EGD である．E, F, G はシムソン線上にあるので，△ACD ∽ △GED となり，|DA| : |DC| = |DG| : |DE| ···· ① を得る．

同様に，△DAB ∽ △DFE なので，|DB| : |BA| = |DE| : |EF| ···· ② である．また，△DBC ∽ △DGF より，|DB| : |BC| = |DG| : |FG| ···· ③ である．

②，③，① より，

$$|BA| : |BC| = \frac{|DB| \cdot |EF|}{|DE|} : \frac{|DB| \cdot |EG|}{|DG|} = |EF| \cdot |DG| : |EG| \cdot |DE|$$
$$= |EF| \cdot |DA| : |EG| \cdot |DC|$$

となる．よって，

$$|BA| : |BC| = |DA| : |DC| \iff |EF| = |FG|$$

が得られ，結論を得る． □

5. 四角形 $I_1 I_4 P_2 P_3$ を考察する (図 6).

$$\angle I_1 P_2 I_4 = \angle I_1 P_2 P_4 + \angle P_4 P_2 P_1 - \angle I_4 P_2 P_1$$

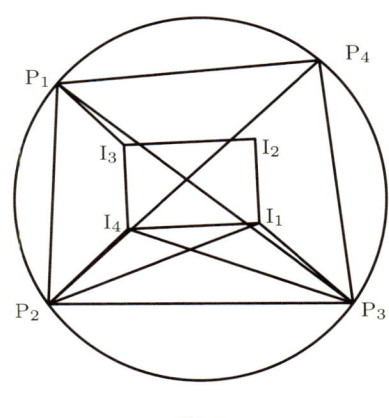

図 6

$$= \frac{1}{2}\angle P_3P_2P_4 + \angle P_4P_2P_1 - \frac{1}{2}\angle P_3P_2P_1 = \frac{1}{2}\angle P_4P_2P_1$$

であり,同様に,$\angle I_1P_3I_4 = \frac{1}{2}\angle P_4P_3P_1$ である.

円周角の定理により,$\angle P_4P_2P_1 = \angle P_4P_3P_1$ だから,$\angle I_1P_2I_4 = \angle I_1P_3I_4$ が得られ,四角形 $I_1I_4P_2P_3$ は円に内接することがわかる.したがって,

$$\angle P_2I_4I_1 = 180° - \angle I_1P_3P_2 = 180° - \frac{1}{2}\angle P_4P_3P_2$$

である.

同様に,$\angle I_3I_4P_2 = 180° - \frac{1}{2}\angle P_2P_1P_4$ なので,

$$\angle I_1I_4I_3 = 360° - \angle P_2I_4I_1 - \angle I_3I_4P_2 = \frac{1}{2}(\angle P_4P_3P_2 + \angle P_2P_1P_4) = 90°$$

が得られる.同様に,四角形 $I_1I_2I_3I_4$ の残りの 3 つの頂角も直角であることが示され,四角形 $I_1I_2I_3I_4$ は長方形であることがわかる. □

第12章

四面体と球

四面体と球に関する話題は，三角形と円の話題と同様にたくさんあるが，本書は平面幾何を中心に扱うので，空間図形の話題は簡単に述べるにとどめる．

● **重心・外心・内心・傍心**

四面体 ABCD について，4 頂点の位置ベクトルを $\mathbf{a}, \mathbf{b}, \mathbf{c}, \mathbf{d}$ とするとき，位置ベクトル
$$\frac{\mathbf{a}+\mathbf{b}+\mathbf{c}+\mathbf{d}}{4}$$
で定まる点 G を四面体 ABCD の**重心**という．

また，4 点 A, B, C, D を通る球面を四面体 ABCD の**外接球**といい，その中心を**外心**という．

4 枚の平面 ABC, BCD, CDA, DAB に同時に接する球面が 5 個あり，そのうち 1 個が四面体内にあり，これを**内接球**，他の 4 個を**傍接球**という．内接球の中心を**内心**，傍接球の中心を**傍心**という．

● **モンジュ点とオイラー線**

定理 12.1 四面体 ABCD に対し，各辺の中点を通って対辺に垂直な 6 枚の平面は 1 点 M で交わる．点 M を四面体 ABCD の**モンジュ点**という．モンジュ点 M，重心 G，外心 O は同一直線上にあり，G は OM の中点である．この直線を**オイラー線**という．

証明 O を外心とし，$\mathbf{a} = \overrightarrow{OA}, \mathbf{b} = \overrightarrow{OB}, \mathbf{c} = \overrightarrow{OC}, \mathbf{d} = \overrightarrow{OD}$ とする．また，$\overrightarrow{OM} = \frac{1}{2}(\mathbf{a}+\mathbf{b}+\mathbf{c}+\mathbf{d})$ で定まる点 M をとる．辺 AB の中点を N とすると，

$$\overrightarrow{\mathrm{NM}} = \frac{1}{2}(\mathbf{a}+\mathbf{b}+\mathbf{c}+\mathbf{d}) - \frac{1}{2}(\mathbf{a}+\mathbf{b}) = \frac{1}{2}(\mathbf{c}+\mathbf{d})$$

である．外心から 4 頂点までの距離は等しいから，

$$(\mathbf{c}+\mathbf{d})\cdot(\mathbf{c}-\mathbf{d}) = |\mathbf{c}|^2 - |\mathbf{d}|^2 = 0$$

であり，MN ⊥ CD がわかる．すなわち，AB の中点 N を通って CD に垂直な平面上に M はある．

他の辺についても同様なので，各辺の中点を通って対辺に垂直な 6 枚の平面は点 M で交わる．

また，$\overrightarrow{\mathrm{OM}} = 2\overrightarrow{\mathrm{OG}}$ であるから，G は OM の中点である． □

● 直交四面体と垂心

一般の四面体では，各頂点から対面に引いた 4 本の垂線は 1 で交わるとは限らないので，垂心は定義できない．次の定理で示すように，垂心が存在する四面体を直交四面体という．

定理 12.2 四面体 ABCD について，頂点 A, B, C, D から対面に下ろした垂線の足をそれぞれ A_h, B_h, C_h, D_h とする．また，四面体 ABCD の重心 G に関して A, B, C, D と対称な点をそれぞれ A′, B′, C′, D′ とする．このとき，以下の (1)〜(8) は同値である．

 (1)　AB ⊥ CD, BC ⊥ AD.
 (2)　AB ⊥ CD, BC ⊥ AD, AC ⊥ BD.
 (3)　$|\mathrm{AB}|^2 + |\mathrm{CD}|^2 = |\mathrm{AC}|^2 + |\mathrm{BD}|^2 = |\mathrm{AD}|^2 + |\mathrm{BC}|^2$.
 (4)　$\mathrm{AA}_h, \mathrm{BB}_h, \mathrm{CC}_h, \mathrm{DD}_h$ は 1 点 H で交わる．
 (5)　A_h は △BCD の垂心である．
 (6)　A_h, B_h, C_h, D_h はそれぞれ △BCD, △CDA, △DAB, △ABC の垂心である．
 (7)　$|\mathrm{A'B}| = |\mathrm{A'C}| = |\mathrm{A'D}|$.
 (8)　$|\mathrm{A'B}| = |\mathrm{A'C}| = |\mathrm{A'D}|$, $|\mathrm{B'C}| = |\mathrm{B'D}| = |\mathrm{B'A}|$,
　　　$|\mathrm{C'D}| = |\mathrm{C'A}| = |\mathrm{C'B}|$, $|\mathrm{D'A}| = |\mathrm{D'B}| = |\mathrm{D'C}|$.

これらの条件を満たす四面体 ABCD を**直交四面体**とか**直稜四面体**といい，H をその**垂心**という．垂心はモンジュ点と一致する．

証明 辺 AB, BC, CD, DA, AC, BD の中点をそれぞれ M, N, P, Q, R, S とする (図 1)．中点連結定理より，線分 MN と QP は AC と平行で，長さが $\frac{1}{2}|AC|$ で等しい．同様に，線分 SN と QR も平行で長さが等しく，線分 MR と SP も平行で長さが等しい．よって，MNPQ, NSQR, MRPS は平行四辺形で，それらの対角線 MP, NQ, RS は 1 点 G で交わる．G はそれらの中点であるので，G は四面体 ABCD の重心である．

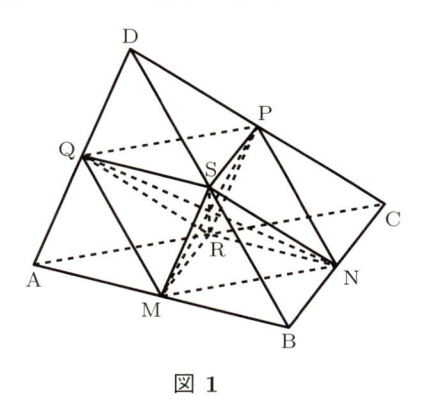

図 1

(1) $\Longrightarrow$ (2) を示す．$AB \perp CD$ より，$RN \perp NS$ だから，平行四辺形 NSQR は長方形である．同様に，$BC \perp AD$ より，MRPS は長方形である．したがって，$|MP| = |NQ| = |RS|$ となる．よって，MNPQ も長方形で，$AC \perp BD$ が得られる．

(2) $\Longrightarrow$ (4) を示す．$AB \perp CD$ より，CD を含み AB に垂直な平面 α をとると，α は面 ABC と垂直で，したがって，$DD_h \subset \alpha$ となる．同様に $CC_h \subset \alpha$ であるので，CC_h と DD_h は α 上のある点 H_1 で交わる．また，AB を含み CD に垂直な平面 β をとると，AA_h と BB_h は β 上のある点 H_2 で交わる．

同様に，$BC \perp AD$ より，AA_h と DD_h はある点 H_3 で交わり，BB_h と CC_h はある点 H_4 で交わる．また，$AC \perp BD$ より，AA_h と CC_h はある点 H_5 で交わり，BB_h と DD_h はある点 H_6 で交わる．

どの 3 本も同一平面上にない 4 直線 AA_h, BB_h, CC_h, DD_h がどの 2 本も交わるのだから，この 4 直線は 1 点で交わる．

(4) $\Longrightarrow$ (6) を示す．AA_h, BB_h, CC_h, DD_h の交点を H とする．面 ABH は面 BCD, CDA と垂直だから，その交線である CD にも垂直である．よって，$AB_h \perp CD$, $BA_h \perp CD$ である．同様な結論が四面体の他の辺についても成り立つので，(6) がわかる．

(6) $\Longrightarrow$ (5) は自明である．

(5) $\Longrightarrow$ (1) を示す．A_h が $\triangle BCD$ の垂心であると，$BA_h \perp CD$ である．また，$AA_h \perp BCD$ より，$AA_h \perp CD$ である．よって，$ABA_h \perp CD$ で，$AB \perp CD$ を得る．また，$DA_h \perp BC$, $AA_h \perp BC$ より，$DAA_h \perp BC$ で，$AD \perp BC$ である．

以上で，(1), (2), (4), (5), (6) が同値であることが証明された．

(3) $\Longrightarrow$ (2) を示す．(3) より

$$|NR|^2 + |RQ|^2 = |MN|^2 + |NP|^2 = |MS|^2 + |SP|^2 \qquad ①$$

である．四角形 MNPQ は平行四辺形なので，余弦定理により，

$$|MP|^2 + |NQ|^2 = 2(|MN|^2 + |NP|^2)$$

である．同様な等式が平行四辺形 MRPS でも成立するので，① より，

$$|MP|^2 + |NQ|^2 = 2(|MN|^2 + |NP|^2) = 2(|MS|^2 + |SP|^2) = |MP|^2 + |RS|^2$$

となる．よって，$|NQ| = |RS|$ である．同様な議論で，$|MP| = |NQ| = |RS|$ が得られる．よって，平行四辺形 MNPQ, MRPS, NSQR は長方形である．これは，四面体 ABCD のねじれの位置にある 2 辺が直交することを意味する．

(2) $\Longrightarrow$ (3) を示す．(2) より，MNPQ, MRPS, NSQR は長方形となる．よって，$|MP| = |NQ| = |RS|$ となり，① が成り立つ．これより，(3) が成立する．

(1)〜(6) と (7), (8) の同値性を証明するために，(7) $\Longleftrightarrow$ (1) と (2) $\Longleftrightarrow$ (8) を示す．$\mathbf{a} = \overrightarrow{GA}$, $\mathbf{b} = \overrightarrow{GB}$, $\mathbf{c} = \overrightarrow{GC}$, $\mathbf{d} = \overrightarrow{GD}$ とおく．$\mathbf{a} + \mathbf{b} + \mathbf{c} + \mathbf{d} = \mathbf{0}$ である．$\overrightarrow{GA'} = -\mathbf{a}$, $\overrightarrow{GB'} = -\mathbf{b}$ などより，

$$|A'B|^2 - |A'C|^2 = |\mathbf{a} + \mathbf{b}|^2 - |\mathbf{a} + \mathbf{c}|^2$$

$$= (2\mathbf{a} + \mathbf{b} + \mathbf{c}) \cdot (\mathbf{b} - \mathbf{c})$$
$$= (\mathbf{a} - \mathbf{d}) \cdot (\mathbf{b} - \mathbf{c}) = \overrightarrow{AD} \cdot \overrightarrow{BC}$$

だから，$|A'B| = |A'C|$ と $AD \perp BC$ は同値である．

同様に，$|A'C|^2 - |A'D|^2 = \overrightarrow{AB} \cdot \overrightarrow{CD}$ だから，$|A'C| = |A'D| \iff AB \perp CD$ である．これらより，(7) $\iff$ (1) と (2) $\iff$ (8) がわかる．

最後に，直交四面体 ABCD において，垂心がモンジュ点に一致することを示す．それには，O を四面体の外心として，G が線分 OH の中点であることを示せばよい．そのためには，四面体の任意の面，たとえば，面 ABC への G, O, H の正射影をそれぞれ G′, O′, H′ とするとき，G′ が線分 O′H′ の中点であることを示せばよい．

O′ は △ABC の外心であり，H′ = D_h は △ABC の垂心である．△ABC の重心を G_D とするとき，$\overrightarrow{H'G} = \frac{1}{4}(\overrightarrow{H'A} + \overrightarrow{H'B} + \overrightarrow{H'C} + \overrightarrow{H'D})$ と，三角形についてのオイラーの定理 (定理 6.3) より，

$$\overrightarrow{H'G'} = \frac{1}{4}(\overrightarrow{H'A} + \overrightarrow{H'B} + \overrightarrow{H'C}) = \frac{3}{4}\overrightarrow{H'G_D} = \frac{1}{2}\overrightarrow{H'O'}$$

が成り立つ．よって，G′ は線分 O′H′ の中点である． □

注 上の証明の (3) $\Longrightarrow$ (2) の部分からわかるように，四面体 ABCD において $|AC|^2 + |BD|^2 = |AD|^2 + |BC|^2$ が成り立てば $AB \perp CD$ が成り立つ．

● **等積四面体**

定理 12.3 四面体 ABCD について，次の (1)～(4) は同値である．
（1） $Area(\triangle ABC) = Area(\triangle BCD) = Area(\triangle CDA) = Area(\triangle DAB)$.
（2） $\triangle ABC \equiv \triangle DCB \equiv \triangle CDA \equiv \triangle BAD$.
（3） $|AB| = |CD|, |AC| = |BD|, |AD| = |BC|$.
（4） ABCD を含む平行六面体 AB′CD′-A′BC′D を作ると，この平行六面体は直方体になる (図 2)．

上の条件を満たす四面体 ABCD を**等積四面体**とか**等面四面体**という．等積四面体の面は鋭角三角形である．

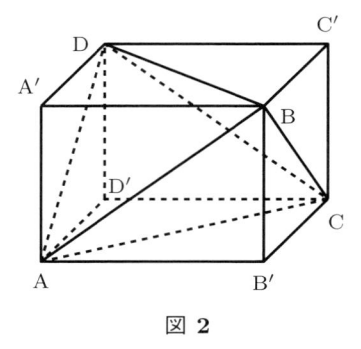

138

図 2

証明 (2) $\iff$ (3) $\iff$ (4), および (2) $\implies$ (1) は明らかである.

(1) $\implies$ (3) を示す. $a = |BC|$, $b = |CA|$, $c = |AB|$, $p = |AD|$, $q = |BD|$, $r = |CD|$ とする.

$$a^2 + b^2 + c^2 \geqq \max\{a^2 + q^2 + r^2, b^2 + r^2 + p^2, c^2 + p^2 + q^2\} \quad \text{①}$$

と仮定しても一般性を失わない. さらに,

$$a^2 - p^2 \geqq b^2 - q^2 \geqq c^2 - r^2 \quad \text{②}$$

と仮定しても一般性を失わない. このとき, $a^2 + b^2 + c^2 \geqq a^2 + q^2 + r^2$ より,

$$a^2 - p^2 \geqq b^2 - q^2 \geqq |c^2 - r^2| \geqq 0 \quad \text{③}$$

である.

$$16\,Area(\triangle ABC)^2 = (a+b+c)(-a+b+c)(a-b+c)(a+b-c)$$
$$= -a^4 + 2a^2(b^2+c^2) - (b^2-c^2)^2$$

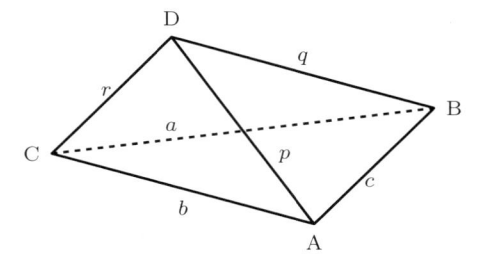

図 3

第 12 章 四面体と球

に注意する．$Area(\triangle ABC) = Area(\triangle BCD)$ より,
$$-a^4 + 2a^2(b^2 + c^2) - (b^2 - c^2)^2 = -a^4 + 2a^2(q^2 + r^2) - (q^2 - r^2)^2$$
である．これを変形すると
$$2a^2(b^2 - q^2 + c^2 - r^2) = (b^2 - q^2 - c^2 + r^2)(b^2 + q^2 - c^2 - r^2) \quad ④$$
となる．同様に $Area(\triangle ABD) = Area(\triangle ACD)$ より,
$$2p^2(b^2 - q^2 - c^2 + r^2) = (b^2 - q^2 + c^2 - r^2)(b^2 + q^2 - c^2 - r^2) \quad ⑤$$
を得る．すると，④, ⑤ より,
$$a^2(b^2 - q^2 + c^2 - r^2)^2$$
$$= \frac{1}{2}(b^2 - q^2 + c^2 - r^2)(b^2 - q^2 - c^2 + r^2)(b^2 + q^2 - c^2 - r^2)$$
$$= p^2(b^2 - q^2 - c^2 + r^2)^2$$
となる．①, ② より, 両辺の符号に注意して平方根をとって,
$$a(b^2 - q^2 + c^2 - r^2) = p(b^2 - q^2 - c^2 + r^2)$$
すなわち,
$$(a - p)(b^2 - q^2) + (a + p)(c^2 - r^2) = 0 \quad ⑥$$
を得る．同様に, (ただし, 最後に平方根をとるとき符号に注意して)
$$b(c^2 - r^2 + a^2 - p^2) = -q(c^2 - r^2 - a^2 + p^2)$$
$$c(a^2 - p^2 + b^2 - q^2) = r(a^2 - p^2 - b^2 + q^2)$$
であるので,
$$(b - q)(a^2 - p^2) + (b + q)(c^2 - r^2) = 0 \quad ⑦$$
$$(c - r)(a^2 - p^2) + (c + r)(b^2 - q^2) = 0 \quad ⑧$$
を得る．⑥, ⑧ より,
$$(a - p)^2(b^2 - q^2) = -(a^2 - p^2)(c^2 - r^2) = (c + r)^2(b^2 - q^2)$$

だから，
$$((c+r)^2 - (a-p)^2)(b^2 - q^2) = 0 \qquad ⑨$$
を得る．ここで，三角形不等式から $c+r+p-a > c+b-a > 0$ である．また，③ より $a \geqq p$ なので，$c+r+a-p > 0$ である．よって，$(c+r)^2 - (a-p)^2 \neq 0$ なので，⑨ より $b = q$ を得る．これを ⑦ に代入して $c = r$ となる．さらに，$Area(\triangle ABC) = Area(\triangle ABD)$ より，$a = p$ が得られる． □

等積四面体においては，内接球と各面の接点は各面の外心であり，傍接球と各面の接点は各面の垂心である．4 つの傍接球の半径は等しく，内接球の半径の 2 倍である．等積四面体の頂点から対面に下ろした垂線の足は，その面の外心に関してその面の垂心と対称な点である．これらの証明は割愛する．難しくはないので，各自証明してみよ．

- **四面体の体積**

次の四面体の体積 V の公式は，オイラー，ラグランジュの時代に証明され，和算家たちも知っていた．四面体 ABCD において，$a_1 = a = |BC|$, $a_2 = b = |CA|$, $a_3 = c = |AB|$, $b_1 = p = |AD|$, $b_2 = q = |BD|$, $b_3 = r = |CD|$,
$$t^2 = a_1^2 + a_2^2 + a_3^2 + b_1^2 + b_2^2 + b_3^2$$
とおく．また，四面体の 4 つの面 $F_1, \cdots, F_4$ に対し，三角形 F_j の 3 辺の長さの積を π_j とおく．このとき
$$\begin{aligned}(12V)^2 &= \sum_{i=1}^{3} a_i^2 b_i^2 (t^2 - 2a_i^2 - 2b_i^2) - \sum_{j=1}^{4} \pi_j^2 \qquad ① \\ &= a^2 p^2 (b^2 + c^2 - a^2 + q^2 + r^2 - p^2) \\ &\quad + b^2 q^2 (c^2 + a^2 - b^2 + r^2 + p^2 - q^2) \\ &\quad + c^2 r^2 (a^2 + b^2 - c^2 + p^2 + q^2 - r^2) \\ &\quad - (a^2 b^2 c^2 + a^2 q^2 r^2 + b^2 r^2 p^2 + c^2 p^2 q^2)\end{aligned}$$
が成り立つ (三角形のヘロンの公式と異なり，この右辺は因数分解できない)．特に，等積四面体の場合には次のように簡易化される．

第 12 章 四面体と球

$$72V^2 = (a^2 + b^2 - c^2)(b^2 + c^2 - a^2)(c^2 + a^2 - b^2)$$

簡単な証明はないが，以下の機械的な計算が分かりやすい．四面体 ABCD を座標空間の中で，D $= (0, 0, 0)$, A $= (x_1, 0, 0)$, B $= (x_2, y_2, 0)$, C $= (x_3, y_3, z_3)$ (ただし，$x_1 > 0, y_2 > 0, z_3 > 0$) と配置すると，

$$6V = x_1 y_2 z_3$$
$$a^2 = |\text{BC}|^2 = (x_2 - x_3)^2 + (y_2 - y_3)^2 + z_3^2$$
$$b^2 = |\text{CA}|^2 = (x_3 - x_1)^2 + y_3^2 + z_3^2$$
$$c^2 = |\text{AB}|^2 = (x_1 - x_2)^2 + y_2^2$$
$$p = |\text{AD}| = x_1$$
$$q^2 = |\text{BD}|^2 = x_2^2 + y_2^2$$
$$r^2 = |\text{CD}|^2 = x_3^2 + y_3^2 + z_3^2$$

となる．この 7 個の関係式から 6 個の変数 $x_1, x_2, y_2, x_3, y_3, z_3$ を消去したとき，① が得られることを確かめればよい．この消去法を手計算で行うのはちょっと大変だが，パソコンで Mathematica や Maple など数式処理ソフトを使って計算すれば，瞬時に所要の式が得られる (三角形のヘロンの公式もこの方法で証明できる)．

―――― 演習問題 12 ――――

1. 四面体 ABCD において，頂点 A, B, C, D の対面の面積をそれぞれ S_A, S_B, S_C, S_D とする．また，それぞれ辺 AD, BD, CD で交わる 2 枚の面のなす角度を，α, β, γ とする．このとき，次の等式が成り立つことを証明せよ．

$$S_D^2 = S_A^2 + S_B^2 + S_C^2 - 2S_A S_B \cos\gamma - 2S_B S_C \cos\alpha - 2S_A S_C \cos\beta$$

2. 四面体 ABCD において，各頂点とその対面の内心をむすぶ 4 直線が 1 点で交わるための必要十分条件は，

$$|AB| \cdot |CD| = |AC| \cdot |BD| = |AD| \cdot |BC|$$

であることを証明せよ．

3. 四面体 ABCD のすべての辺に接する球が存在するための必要十分条件は，

$$|AB| + |CD| = |AC| + |BD| = |AD| + |BC|$$

であることを証明せよ．

4. 直交四面体 ABCD の垂心を H とし，頂点 A, B, C, D から対面へ引いた垂線の足をそれぞれ A_h, B_h, C_h, D_h とする．このとき，線分 BB_h, CC_h, DD_h を 2 : 1 に内分する点と，点 A_h, H は同一球面上にあることを証明せよ．

(1995 年ロシア数学オリンピック 5 次 11 年生問 7)

5. 四面体 ABCD の辺 AB, BC, CA, DA, DB, DC 上にそれぞれ点 E, F, G, H, K, L があり

$$|AE| \cdot |BE| = |BF| \cdot |CF| = |CG| \cdot |AG|$$
$$= |DH| \cdot |AH| = |DK| \cdot |BK| = |DL| \cdot |CL|$$

を満たしている．このとき，6 点 E, F, G, H, K, L は同一球面上にあることを証明せよ．

(1986 年バルカン数学オリンピック問 2)

6. 四面体 ABCD の頂点 A を通り，四面体の外接球に接する平面がある．この平面と，平面 ABC, ACD, ABD とが交わってできる 3 本の直線達がなす 6 個の角がすべて等しいための必要十分条件は，

$$|AB| \cdot |CD| = |AC| \cdot |BD| = |AD| \cdot |BC|$$

であることを証明せよ．

(1999 年ロシア数学オリンピック 5 次 11 年生問 7)

7. 四面体 ABCD の内部または表面上に 4 頂点を持つ四面体 KLMN があ

る．KLMN のすべての辺の長さの和は ABCD のすべての辺の長さの和の $\dfrac{4}{3}$ 未満であることを証明せよ．

注 平面上の凸多角形では，その中にある凸多角形の周長は，外側の凸多角形の周長以下であるが，四面体の場合，その内部にある四面体の辺の長さの和のほうが長くなることがある．たとえば，$|AB| = |AC| = |AD| = 1$，$B = C = D$ の退化した四面体の 4 辺の長さの和は 3 で，その中に，$K = N = A$，$L = B$，$M = C$ の退化した四面体を作ると 4 辺の長さの和は 4 である．したがって，本問の $\dfrac{4}{3}$ という数はそれより小さい数で置き換えられない．

―――― 解答 ――――

1. 辺 BC, CA, AB で交わる 2 面のなす角度をそれぞれ，α', β', γ' とする．頂点 D から平面 ABC に下ろした垂線の足を D_h とし，平面 ABC 上の $\triangle PQR$ の符号付き面積 $S(PQR)$ を，D から見て P, Q, R が

左回りに並んでいるとき $S(PQR) = Area(\triangle PQR)$，

右回りに並んでいるとき $S(PQR) = -Area(\triangle PQR)$

と定める．すると，
$$S_D = S(ABC) = S(BCD_h) + S(CAD_h) + S(ABD_h)$$
$$= S_A \cos\alpha' + S_B \cos\beta' + S_C \cos\gamma' \qquad ①$$

となる．同様に，
$$S_A = S_B \cos\gamma + S_C \cos\beta + S_D \cos\alpha'$$
$$S_B = S_C \cos\alpha + S_D \cos\beta' + S_A \cos\gamma$$
$$S_C = S_D \cos\gamma' + S_A \cos\beta + S_B \cos\alpha$$

が成り立つ．この 3 式よりそれぞれ，
$$\cos\alpha' = \dfrac{S_A - S_B \cos\gamma - S_C \cos\beta}{S_D}$$
$$\cos\beta' = \dfrac{S_B - S_C \cos\alpha - S_A \cos\gamma}{S_D}$$

$$\cos\gamma' = \frac{S_C - S_A\cos\beta - S_B\cos\alpha}{S_D}$$

を得る．これを①に代入して，両辺に S_D を掛けると，求める等式を得る． □

2. △BCD, △CDA, △DAB, △ABC の内心をそれぞれ I_A, I_B, I_C, I_D とする．

もし，DI_D と AI_A が点 P で交われば，点 A, D, I_D, I_A は同一平面上にあるので，直線 AI_D と DI_A は辺 BC 上のある点 K で交わる．AK は角 BAC の二等分線で，DK は角 BDC の二等分線なので，

$$|AB| : |AC| = |BK| : |CK| = |DB| : |DC|$$

が成り立つ．よって，$|AB|\cdot|CD| = |AC|\cdot|BD|$ が成り立つ．

同様に，CI_C と DI_D が交われば，$|AC|\cdot|BD| = |AD|\cdot|BC|$ が成り立つ．

逆に，$|AB|\cdot|CD| = |AC|\cdot|BD| = |AD|\cdot|BC|$ が成り立つと仮定する．$K = AI_A \cap BC$, $K' = DI_A \cap BC$ とすると，AK は角 BAC の二等分線で，DK' は角 BDC の二等分線なので，

$$|BK| : |CK| = |AB| : |AC| = |DB| : |DC| = |BK'| : |CK'|$$

が成り立つので，$K = K'$ となる．よって，4 点 A, D, I_D, I_A は同一平面上にあることがわかり，DI_D と AI_A はある点 P で交わる．

P を通り AD に垂直な平面に正射影して考えれば，P は平面 ABD, ACD から等距離な点であることがわかる．

四面体 ABCD の他の各 2 つの面の組に対し同様なことを考えれば，その 2 面のなす角の二等分面達の交点として P が得られることがわかる．つまり，AI_A, BI_B, CI_C, DI_D は四面体の各面から等距離にある点 P で交わる． □

3. 四面体 ABCD のすべての辺に接する球 S が存在すると仮定する．S と BC の接点を K とすると，K は △ABC の内接円と BC の接点であり，△BCD の内接円と BC の接点である．よって，

$$\frac{|AB| + |BC| - |AC|}{2} = |BK| = \frac{|BC| + |BD| - |CD|}{2}$$

が成り立つ．これより，$|AB|+|CD|=|AC|+|BD|$ が成り立つ．

$|AC|+|BD|=|AD|+|BC|$ も同様に証明できる．

逆に，$|AB|+|CD|=|AC|+|BD|=|AD|+|BC|$ が成り立つと仮定する．△ABC の内接円と BC の接点を K，△BCD の内接円と BC の接点を K′ とすると，

$$|BK|=\frac{|AB|+|BC|-|AC|}{2}=\frac{|BC|+|BD|-|CD|}{2}=|BK'|$$

が得られ，K = K′ がわかる．同様に，四面体のどの辺 ℓ についても，辺 ℓ を含む 2 枚の面の 2 つの内接円は，ℓ と同じ点で接する．

△BCD, △ABC の内心をそれぞれ I_A, I_D とする．面 $I_A I_D K$ 上で $\angle OI_A K = \angle OI_D K = 90°$ を満たす点 O をとる．$OI_A \perp \triangle BCD$, $OI_D \perp \triangle ABC$ である．

そこで，O を中心とし点 K を通る球面 S を描く．構成の仕方から，球面 S と面 BCD の交わりは △BCD の内接円であり，S と面 ABC の交わりは △ABC の内接円である．

簡単な議論で，S は △CDA, △DAB の内接円をも切り出し，四面体の各辺に接することがわかる． □

4. △BCD の重心を G とし，線分 GH を直径とする球面を S とする（図

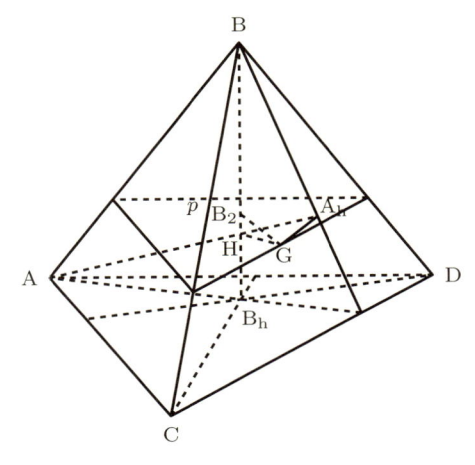

図 4

4). 面 ACD に平行で点 G を通る平面 p と，線分 BB_h の交点を B_2 とすると，$|BB_2| : |B_2B_h| = 2 : 1$ である．$p \perp B_2H$ なので，$\triangle GB_2H$ は $\angle GB_2H = 90°$ の直角三角形である．したがって，B_2 は球面 S 上にある．

同様に，CC_h, DD_h を $2 : 1$ に内分する点も S 上にある．さらに，$\angle GA_hA = 90°$ なので，A_h も S 上にある． □

5. 四面体 ABCD の外接球の中心を O，半径を R とする．また，X を AB の中点とする (図 5)．このとき，$\triangle OAB$ は二等辺三角形だから，$OX \perp AB$ である．E が線分 AX 上にあるとすると，

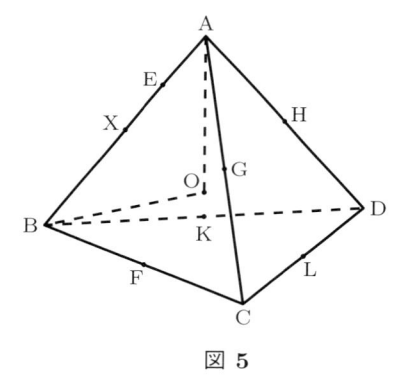

図 5

$$|OE|^2 = |OX|^2 + |EX|^2 = |OA|^2 - |AX|^2 + |EX|^2$$
$$= R^2 - (|AX| - |EX|)(|AX| + |EX|) = R^2 - |AE| \cdot |BE|$$

となる．E が線分 BX 上にあるときも同じ式が成り立つ．同様に

$$|OF|^2 = R^2 - |BF| \cdot |CF|, \quad |OG|^2 = R^2 - |CG| \cdot |AG|$$

等が成り立つ．すると，問題の条件式から，

$$|OE|^2 = |OF|^2 = |OG|^2 = |OH|^2 = |OK|^2 = |OL|^2$$

が導かれ，6 点 E, F, G, H, K, L は同一球面上にある． □

6. 点 A における外接球の接平面 τ と平行で外接球の中心を通る平面と，辺 AB, AC, AD の交点をそれぞれ B_1, C_1, D_1 とする．$\triangle ABC$ を通る平面 π による断面図は，図 6 のようになる．$\tau \cap \pi$ 上に，図 6 のように点 M をとる．

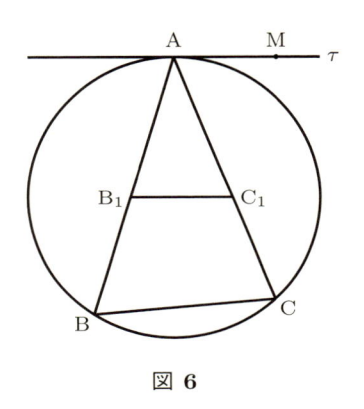

図 6

$AM /\!/ B_1C_1$ より，$\angle ABC = \angle CAM = \angle AC_1B_1$ である．よって，$\triangle AB_1C_1 \backsim \triangle ACB$ が得られ，

$$\frac{|B_1C_1|}{|BC|} = \frac{|AB_1|}{|AC|} = \frac{|AC_1|}{|AB|}$$

がわかる．同様に，

$$\frac{|C_1D_1|}{|CD|} = \frac{|AC_1|}{|AD|} = \frac{|AD_1|}{|AC|}, \quad \frac{|B_1D_1|}{|BD|} = \frac{|AD_1|}{|AB|} = \frac{|AB_1|}{|AD|}$$

である．これらより，

$$\frac{|C_1D_1|}{|AB|\cdot|CD|} = \frac{|AD_1|}{|AB|\cdot|AC|} = \frac{|B_1D_1|}{|BD|\cdot|AC|} = \frac{|AB_1|}{|AD|\cdot|AC|} = \frac{|B_1C_1|}{|AD|\cdot|BC|}$$

である．これより，

「接平面 τ と，平面 ABC, ACD, ABD とが交わってできる 3 本の直線達がなす 6 個の角がすべて $60°$ で等しい」 $\iff$ 「$\triangle D_1B_1C_1$ は正三角形」 $\iff$ 「$|AB|\cdot|CD| = |AC|\cdot|BD| = |AD|\cdot|BC|$」 が得られる． □

7. 四面体 KLMN の 4 つの面のうち,最大の周長を持つ面が KLM であると仮定してよい.点 A, B, C, D の平面 KLM への正射影をそれぞれ A_1, B_1, C_1, D_1 とし,また,この平面への四面体 KLMN の正射影として得られる多角形を $\varGamma$ とする.

多面体 P のすべての辺の長さの和,または,多角形 P の周長を $l(P)$ で表わすことにする.また,$l'(A_1B_1C_1D_1)$ は 4 点 A_1, B_1, C_1, D_1 を結ぶ 6 本の線分の長さの和とする.$l(LMN) + l(KMN) + l(KLN) + l(KLM) \leqq 4l(KLM)$ より,$l(KLMN) < 2l(KLM)$ である.また,$l(KLM) \leqq l(\varGamma)$, $l'(A_1B_1C_1D_1) \leqq l(ABCD)$ である.そこで,

$$l(\varGamma) \leqq \frac{2}{3} l'(A_1B_1C_1D_1) \qquad ①$$

を示せば,目的の $l(KLMN) < \frac{4}{3} l(ABCD)$ が示される.

まず,$A_1B_1C_1D_1$ の外周が四角形の場合を考える.4 頂点がこの順に並んでいると仮定しても一般性を失わない.この四角形 $A_1B_1C_1D_1$ 内に凸多角形 $\varGamma$ があるから,$\varGamma$ の周長 $l(\varGamma)$ は $A_1B_1C_1D_1$ の周長 $|A_1B_1| + |B_1C_1| + |C_1D_1| + |D_1A_1|$ 以下である.対角線の長さの和 $|A_1C_1| + |B_1D_1|$ は四角形 $A_1B_1C_1D_1$ の周長の $\frac{1}{2}$ より大きい.したがって,① が得られる.

次に,$A_1B_1C_1D_1$ の外周が三角形の場合を考える.$\triangle A_1B_1C_1$ が外周であるとしてよい.$l(\varGamma) \leqq |A_1B_1| + |B_1C_1| + |C_1A_1|$ であり,

$$|A_1D_1| + |B_1D_1| + |C_1D_1| \geqq \frac{1}{2}(|A_1B_1| + |B_1C_1| + |C_1A_1|)$$

だから,① が得られる. □

第 II 部

問題解法への
アプローチ

　第 II 部では，平面幾何の問題を類型で分類し，それにどうやってアプローチするとよいのか考察してみたい．

第 13 章
共線・共点・共円問題

「ある 3 点 (以上) が同一直線上にあることを証明せよ」という問題を共線問題,「ある 3 直線 (以上) が 1 点で交わることを証明せよ」という問題を共点問題,「ある 4 点 (以上) が同一円周上にあることを証明せよ」という問題を共円問題という. このような問題は第 1 部でもたくさん登場した. それぞれの問題について, 解法のコツをまとめておこう.

● 共線問題

3 点 A, B, C が同一直線上にあることを証明する基本的な初等幾何的方法は, 以下の方法だろう.

(1) AB // AC を証明する. 適当な点 X を選び, $\angle XAB = \angle XAC$ とか, $\angle XAB + \angle XAC = 180°$ を証明するのが代表的方法である.

(2) A, B, C などが特別な直線上にあることを証明する. この場合は, その直線を事前に特定しておくことが大切である.

大半の問題は, このいずれかの方法で解けるが, (1) の変種として, 適当な 2 点 X, Y を選び, $\angle XYA = \angle XYB = \angle XYC$ などを証明する場合もある. もちろん, 座標やベクトルを使ったほうが簡単な場合も多い. メネラウスの定理の逆や, 中心拡大や反転を利用すると簡単な場合もある.

しかし, もっと他の工夫をしないといけない問題も当然あり, そこが幾何の醍醐味である.

● 共円問題

4 点 A, B, C, D が同一円周上にあることを証明するには, 以下の方法が基本になる.

- (1) 円周角の定理の逆，内接四角形定理の逆を利用する．
- (2) 方巾の定理の逆を利用する．
- (3) トレミーの定理の逆を利用する．

大半の場合は，(1) の方法で証明でき，(2) や (3) を使う問題は難問に属する．もちろん，難問では，上記以外の方法では簡単に解けない場合もある．円の中心 O の見当がつけば，$|OA| = |OB| = |OC| = |OD|$ を証明することも考えられるが，この方法を使うことは極めてまれである．共円問題では，座標やベクトルを利用すると，計算が複雑になりすぎ，手におえなくなることが少なくない．

● 共点問題

点 A を通る直線 ℓ，点 B を通る直線 m，点 C を通る直線 n が 1 点で交わることを証明する方法は，千差万別で，共線問題や共円問題のように，多くの問題に通用する方法はない．あえて言えば，以下のような方法で解く場合が比較的多い．

- (1) $P = \ell \cap m$ とするとき，直線 PC が n を特徴づける性質を満たすことを証明し，$n = PC$ を示す．
- (2) $P = \ell \cap m$, $Q = \ell \cap n$ とするとき，何らかの方法で，$P = Q$ であることを証明する．たとえば，$|AP| = |AQ|$ を証明する場合もある．
- (3) 3 直線がある特別な点を通る (この点で交わる) ことを証明する．
- (4) 対応する辺が平行な 2 つの相似図形があり，その相似の中心において 3 直線が交わる．

共点問題では，多少計算が複雑になっても，座標やベクトルを利用したほうが，早く解ける場合も少なくない．チェバの定理の逆を用いると簡単な場合もある．その他にも，じつに様々な方法があり，一概には言えない．

なお，共線・共点問題に関しては，次の本の p.28〜37 に，本書で割愛した話題がいろいろ解説されているので，参照されたい．

清宮俊雄『モノグラフ 幾何学 改訂版』科学振興新社

────── 演習問題 13 ──────

1. 三角形 ABC の外接円の点 A における接線が，直線 BC と点 D で交わるとする．点 B を通り BC に垂直な直線と，線分 AB の垂直二等分線の交点を E とし，点 C を通り BC に垂直な直線と，線分 AC の垂直二等分線の交点を F とする．このとき，3 点 D, E, F は同一直線上にあることを証明せよ．

(2003 年バルカン数学オリンピック問 2)

2. 三角形 ABC の内心を I，内接円と辺 BC, CA, AB との接点をそれぞれ A_i, B_i, C_i とする．B_m を CA の中点とし，$D = BB_m \cap C_iA_i$ とする．このとき，3 点 I, D, B_i は同一直線上にあることを証明せよ．

(1997 年ロシア数学オリンピック 10 年生 5 次問 6)

3. 三角形の各辺に平行な直線を描く．このとき，三角形の各辺から平行線までの距離はその辺の長さに等しく，平行線と三角形の対頂点はその辺を挟んで反対側にあるものとする．このとき，これら 3 本の各直線と，三角形の各辺の延長線との，計 6 個の交点は，同一円周上にあることを証明せよ．

(1987 年ソ連数学オリンピック 9 年生問 3)

4. 二等辺三角形でない鋭角三角形 ABC において，頂点 A, C から対辺に下ろした垂線の足をそれぞれ A_h, C_h とし，直線 AA_h と CC_h の交点を H とする．角 AHC_h の二等分線と，辺 AB, BC の交点をそれぞれ P, Q とする．辺 AC の中点を B_m とし，頂角 B の二等分線と直線 HB_m の交点を R とする．このとき，4 点 P, B, Q, R は同一円周上にあることを証明せよ．

(2000 年ロシア数学オリンピック 10 年生 5 次問 3)

5. 鋭角三角形 ABC の外側に 3 点 A_1, B_1, C_1 を

$$\triangle A_1BC \backsim \triangle AB_1C \backsim \triangle ABC_1$$

となるようにとる．また，$\triangle A_1BC, \triangle AB_1C, \triangle ABC_1$ 外接円をそれぞれ $\omega_1, \omega_2, \omega_3$ とし，外心をそれぞれ A_2, B_2, C_2 とする．

第 13 章 共線・共点・共円問題

(1) $\omega_1, \omega_2, \omega_3$ は 1 点で交わることを証明せよ．
(2) 3 直線 AA_1, BB_1, CC_1 は 1 点で交わることを証明せよ．
(3) $\triangle A_2B_2C_2 \backsim \triangle A_1BC$ を証明せよ．

(Pivot Theorem A.Miquel 1838, 1973 年ソ連数学オリンピック 8 年生問 4)

6. 平面上に 4 直線があり，それらの交点は全部で 6 個ある．この 4 直線で囲まれる 4 個の三角形を考える．これらの 4 個の三角形の (4 個の) 外接円は，ある 1 点で交わることを証明せよ．この点を**スタイネル点** (Steiner) とか**ウォーレス点** (Wallace) とか**ミケル点** (Miquel) という．

――― 解答 ―――

1. 線分 AB の中点を C_m とする (図 1)．また，$b = |CA|, c = |AB|, B = \angle CBA, C = \angle ACB$ とする．

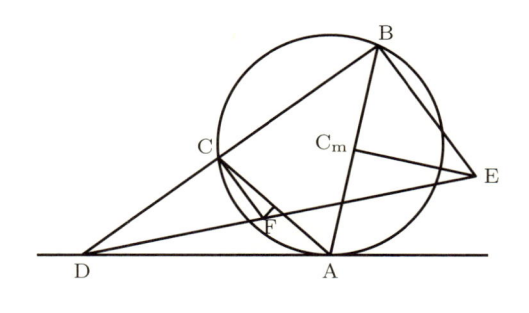

図 1

$\angle BEC_m = \angle CBA = B$ より，$|BE| = \dfrac{c}{2\sin B}$ である．同様に，$|CF| = \dfrac{b}{2\sin C}$ である．よって，$|BE| : |CF| = c\sin C : b\sin B$ である．

$\angle BAD = 180° - C$ より，$\angle ADB = |B - C|$ である．よって，$|BD| = \dfrac{c\sin C}{\sin |B - C|}$ である．同様に，$\angle CAD = B$ より，$|CD| = \dfrac{b\sin B}{\sin |B - C|}$ である．これより，$|BD| : |CD| = c\sin C : b\sin B = |BE| : |CF|$ である．したがって，

△BDE ∽ △CDF であり，∠EDB = ∠FDB となる．よって，D, E, F は同一直線上にある． □

2. $D' = B_iI \cap A_iC_i$ とし，D' を通り AC に平行な直線と AB, BC の交点をそれぞれ A_1, C_1 とする (図 2)．$|D'A_1| = |D'C_1|$ が証明できれば，D' は BB_m 上にあることがわかり，$D' = D$ が示される．

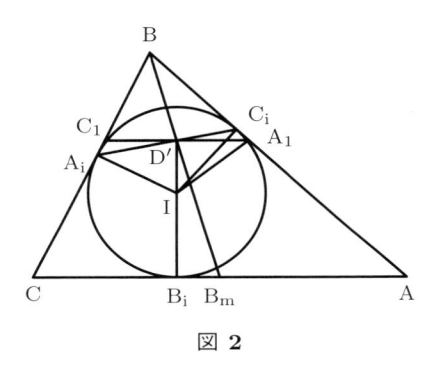

図 2

AC // A_1C_1, AC ⊥ IB_i より，$\angle ID'A_1 = 90°$ である．また $\angle IC_iA_1 = 90°$ なので，四角形 $A_1C_iD'I$ は円に内接する．よって，$\angle A_1D'C_i = \angle A_1IC_i$ である．同様に，$\angle C_1D'A_i = \angle C_1IA_i$ である．$\angle A_1D'C_i = \angle C_1D'A_i$ だから，$\angle A_1IC_i = \angle C_1IA_i$ である．よって，$\triangle IA_1C_i$ と $\triangle IC_1A_i$ は合同な直角三角形である．これより，$|IA_1| = |IC_1|$ であり，$|D'A_1| = |D'C_1|$ がわかる． □

3. 図 3 のように記号を設定し，A_1 から直線 AC へ下ろした垂線の足を K，A_2 から直線 AB へ下ろした垂線の足を L とする．

$\triangle AA_1A_2$ において，

$$\frac{|AB|}{|AA_2|} = \frac{|A_2L|}{|AA_2|} = \sin A = \frac{|A_1K|}{|AA_1|} = \frac{|CA|}{|AA_1|}$$

である．これより $\triangle AA_2A_1 \backsim \triangle ABC$ となる．また，$\triangle ABC$ の外接円の半径を R とすれば，$|A_1A_2| = \dfrac{|BC|}{\sin A} = 2R$ となる．同様に，$|B_1B_2| = |C_1C_2| = 2R$ である．したがって，台形 $A_1A_2C_1C_2$ は等脚台形であり，$\angle C_2C_1A_2 =$

第 13 章　共線・共点・共円問題

[図 3]

図 3

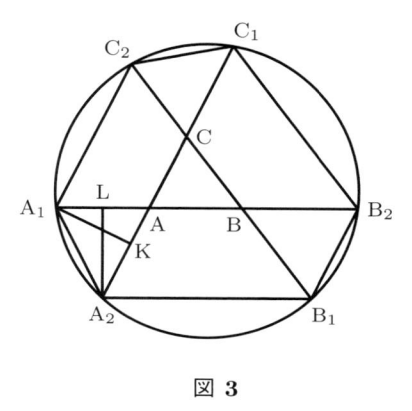

$\angle C_1 A_2 A_1$ となる．ほかの台形についての同様な結論と，$\triangle ABC \backsim \triangle B_1 BB_2 \backsim \triangle C_2 C_1 C$ より，

$$\angle C_2 B_1 A_2 = \angle C_2 C_1 A_2 = \angle C_1 A_2 A_1 = \angle C_1 B_2 A_1 = B$$

となる．これは，等脚台形 $A_1 A_2 C_1 C_2$ の外接円上に点 B_1, B_2, C_1, C_2 があることを意味し，結論を得る． □

4. 点 P を通り CC_h に平行な直線と AA_h との交点を S, 点 Q を通り AA_h に平行な直線と CC_h との交点を T とする (図 4). また，$R' = PS \cap QT$ とする．

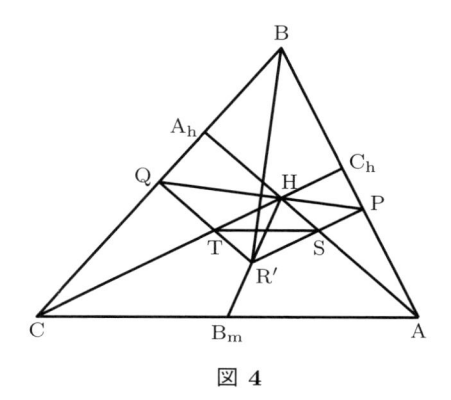

図 4

∠BPR′ = ∠R′QB = 90° なので，4 点 P, B, Q, R′ は線分 BR′ を直径とする円周上にある．∠PHC$_h$ = $\frac{1}{2}$∠CBA = ∠A$_h$HQ だから，∠BPQ = ∠PQB で，△BQP は |BP| = |BQ| の二等辺三角形である．よって，△BPR′ と △BQR′ は合同な直角三角形で，R′ は角 CBA の二等分線 BR 上にある．

△HPC$_h$ ∽ △HQA$_h$, △HAC$_h$ ∽ △HCA$_h$ で，その相似比はいずれも |HC$_h$| : |HA$_h$| である．したがって，△HPS ∽ △HQT で，その相似比も |HC$_h$| : |HA$_h$| である．|HS| : |HT| = |HC$_h$| : |HA$_h$| = |HA| : |HC| だから，平行比の定理により，ST // AC となる．四角形 TR′SH は平行四辺形でなので，その対角線は中点で交わる．よって，線分 ST の中点を通る直線 HR′ と，AC の交点は B$_m$ に一致する．よって，R′ = BR ∩ HB$_m$ であり，R′ = R が得られる．したがって，4 点 P, B, Q, R は同一円周上にある． □

5. (1) D = AA$_1$ ∩ BB$_1$ とする．
△A$_1$BC ∽ △AB$_1$C より，|A$_1$C| : |AC| = |BC| : |B$_1$C| である．また，

$$\angle ACA_1 = \angle ACB + \angle BCA_1 = \angle ACB + \angle B_1CA = \angle B_1CB$$

より，△A$_1$CA ∽ △BCB$_1$ であり，∠CBD = ∠CBB$_1$ = ∠CA$_1$A = ∠CA$_1$D がわかる．よって，4 点 A$_1$, B, D, C は円周 ω_1 上にある．同様に，4 点 A, B$_1$, C, D も円周 ω_2 上にある．

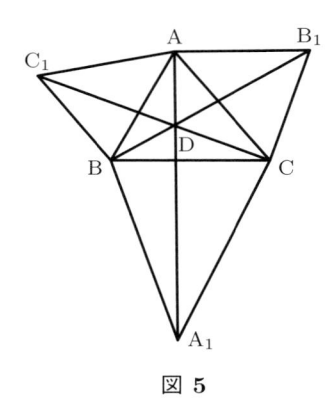

図 5

また，$\angle\mathrm{ADB} = 180° - \angle\mathrm{B_1DA} = 180° - \angle\mathrm{B_1CA} = 180° - \angle\mathrm{BC_1A}$ より，4 点 A, D, B, $\mathrm{C_1}$ は円周 ω_3 上にある．したがって，$\omega_1, \omega_2, \omega_3$ は 1 点 D で交わる．

（2）$\angle\mathrm{CDA} + \angle\mathrm{ADC_1} = (180° - \angle\mathrm{AB_1C}) + \angle\mathrm{ABC_1} = 180°$ だから，3 点 C, D, $\mathrm{C_1}$ は同一直線上にある．よって，$\mathrm{D} = \mathrm{AA_1} \cap \mathrm{BB_1} \cap \mathrm{CC_1}$ である．

（3）CD は ω_1 と ω_2 の根軸だから，$\mathrm{CD} \perp \mathrm{A_2B_2}$ である．同様に，$\mathrm{BD} \perp \mathrm{C_2A_2}$ である．よって，$\angle\mathrm{B_2A_2C_2} = 180° - \angle\mathrm{BDC} = \angle\mathrm{CA_1B}$ である．

同様に，$\angle\mathrm{C_2B_2A_2} = \angle\mathrm{AB_1C} = \angle\mathrm{A_1BC}$ なので，$\triangle\mathrm{A_2B_2C_2} \sim \triangle\mathrm{A_1BC}$ が得られる． □

6. 6 個の交点を含む最小の凸多角形を P とし，P は n 角形であるとする．6 点は 4 本の直線上にあるから，$n \leq 4$ である．また，どの 2 辺も平行でない凸四角形は，そのある 2 辺の延長が四角形の外部で交わるので，それは P になりえない．よって，P は三角形である．したがって，4 本の直線は，図 6 のように交わると仮定してよい．交点は図 6 のように記号を付ける．$\triangle\mathrm{ABC}$ の外接円と $\triangle\mathrm{AFE}$ の外接円の A 以外の交点を X とする．

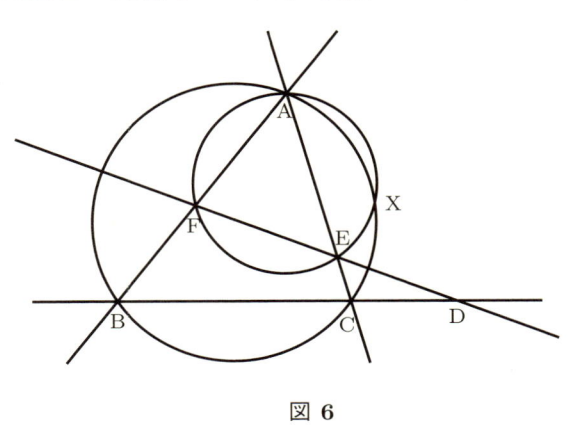

図 6

$\angle\mathrm{AXF} \equiv \angle\mathrm{AEF} \pmod{180°}$, $\angle\mathrm{AXB} \equiv \angle\mathrm{ACB} \pmod{180°}$ より，

$$\angle\mathrm{FXB} \equiv \angle\mathrm{AXB} - \angle\mathrm{AXF} \equiv \angle\mathrm{ACB} - \angle\mathrm{AEF} \equiv \angle\mathrm{FDB} \pmod{180°}$$

であり，円周角の定理の逆により，△BDF の外接円は点 X を通る．同様に，

$$\angle \mathrm{EXC} \equiv \angle \mathrm{AXC} - \angle \mathrm{AXE} \equiv \angle \mathrm{ABC} - \angle \mathrm{AFE} \equiv \angle \mathrm{EDC} \pmod{180°}$$

より，△CDE の外接円は点 X を通る． □

第 14 章

共円関係を用いる証明法

今までの例題でも登場したが，証明の途中で，ある 4 点が同一円周上にあることを見抜き，それを利用する，という証明技法は，少し難易度の高い問題では頻出する．補助円を描くとあっさり証明できることもある．

● 共円関係を利用する証明法

コンパスと定規を用いて正確に作図すれば，共線関係，共点関係は簡単に看破することができるのに対し，共円関係を発見するには，ちょっと熟練を要する．共円関係を発見する基本は，$\angle AXB = \angle AYB$ や $\angle AXB + \angle BYA = 180°$ を満たす 4 点 A, B, X, Y が存在しないか，つねに注意することである．なお，$\angle AXB = \angle AYB = 90°$ となる場合はよく登場するので見落とさないように．なお，次の例題のように，共円関係は，別の 2 つの角度が等しいことを証明する手段として利用することが多い．

例題 14.1 凸四角形 ABCD の辺 BC 上に 2 点 E, F があり，$\angle BAE = \angle FDC$, $\angle EAF = \angle EDF$ を満たしている（図 1）．F より E のほうが B に近い．このとき，$\angle FAC = \angle BDE$ を証明せよ．

(1996 年ロシア数学オリンピック 10 年生 5 次問 1)

解答 $\angle EAF = \angle EDF$ より，四角形 AEFD は円に内接する．したがって，$\angle FEA + \angle ADF = 180°$ である．$\angle BAE = \angle FDC$ より，

$$\angle ADC + \angle CBA = (\angle ADF + \angle FDC) + (\angle FEA - \angle BAE)$$
$$= \angle ADF + \angle FEA = 180°$$

である．したがって，四角形 ABCD は円に内接する．よって，$\angle BAC = \angle BDC$

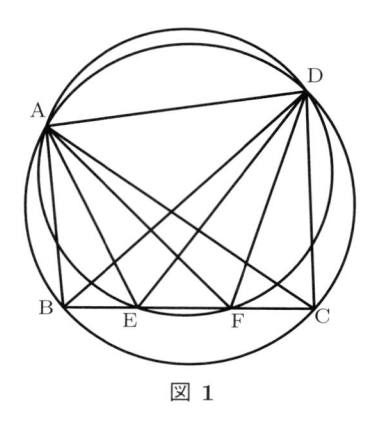

160

である．これより，∠FAC = ∠EDB がわかる． □

● 補助円を利用する証明法

適切な補助円を発見することは非常に難しく，そのような証明を発見することは通常困難である．反面，そのようなあざやかな解法を発見したときの喜びは大きい．次の問題は，3 点 B, C, D を通る円を補助円として描くことを発見すれば，簡単に解ける．

例題 14.2 凸 5 角形 ABCDE において，AE ∥ BC で，∠EDA = ∠BDC である (図 2)．P = AC∩BE とするとき，∠DAE = ∠PDB, ∠CBD = ∠ADP であることを証明せよ．

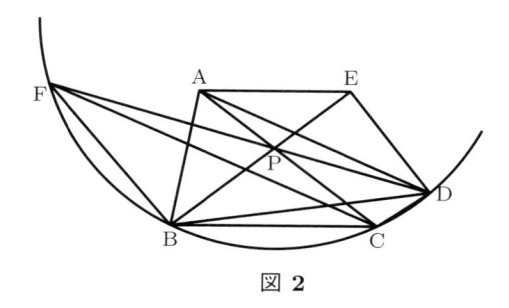

(1998 年バルト海団体数学コンテスト問 13)

第 14 章　共円関係を用いる証明法

解答　△PEA を △PBC に変換する P を中心とする相似変換を $f\colon \mathbb{R}^2 \to \mathbb{R}^2$ とする．$F = f(D)$ とすると，角 EDA は f によって角 BFC に変換されるから，

$$\angle BFC = \angle EDA = \angle BDC$$

である．よって，4 点 B, C, D, F は同一円周上にある．$f(DE) = FB$, $f(AD) = CF$ だから，BF // DE, CF // DA である．したがって，

$$\angle DAE = \angle FCB = \angle FDB = \angle PDB,$$

$$\angle ADP = \angle CFD = \angle CBD$$

である．　　□

―― 演習問題 14 ――

1. 三角形 ABC が与えられている．点 C を通り角 A の二等分線と平行な直線と，角 B の二等分線との交点を D とし，点 C を通り角 B の二等分線と平行な直線と，角 A の二等分線との交点を E とする．今，DE // AB と仮定する．このとき，三角形 ABC は二等辺三角形であることを証明せよ．

(1963 年ソ連数学オリンピック 10 年生問 1)

2. 正方形 ABCD の辺 AB 上に点 P が，辺 BC 上に点 Q があり，$|BP| = |BQ|$ を満たしている．点 B から線分 PC に下ろした垂線の足を H とする．このとき，$\angle QHD = 90°$ であることを証明せよ．

(1974 年ソ連数学オリンピック 10 年生問 2)

3. 点 O を中心とし，線分 AB を直径とする円周上に，点 C を $OC \perp AB$ となるようにとる．点 P は劣弧 $\overparen{BC}$ 上の点とし，直線 $Q = CP \cap AB$ とする．また，直線 AP 上に点 R を $RQ \perp AB$ となるようにとる．このとき，$|BQ| = |QR|$ であることを証明せよ．

(1995 年北欧数学オリンピック問 1)

4. 2 円 Γ_1, Γ_2 が 2 点 P, Q で交わっている．Γ_1 と Γ_2 の共通外接線のうち P に近いほうの接線が，Γ_1, Γ_2 と接する点をそれぞれ A, B とする．点 P における Γ_1 の接線が Γ_2 と交わる点を C ($C \neq P$) とする．また，$R = AP \cap BC$ とする．このとき，三角形 PQR の外接円は直線 BP と BR に接することを証明せよ．

(1999 年アジア太平洋数学オリンピック問 3)

5. 凸五角形 ABCDE が与えられていて，

$$\angle CBA = \angle EDA, \quad \angle AEC = \angle ADB$$

を満たしている．このとき，$\angle BAC = \angle DAE$ であることを証明せよ．

(1987 年ソ連数学オリンピック 10 年生問 2)

6. 三角形 ABC の 2 頂点 A, B を通る円 ω_1 が辺 BC と点 D で交わっている．また，頂点 B, C を通る円 ω_2 が辺 AB と点 E で交わっている．円 ω_1 と円 ω_2 の B 以外の交点を F とする．もし，4 点 A, E, D, C が O を中心とする円周 ω_3 上にあれば，$\angle BFO = 90°$ であることを証明せよ．

(1999 年ロシア数学オリンピック 9 年生 5 次問 7)

—— 解答 ——

1. CD // EA, AB // DE より，

$$\angle EDC = \angle DEA = \angle BAE = \angle EAC$$

である (図 3)．したがって，4 点 A, D, C, E は同一円周上にある．同様な理由で，点 B もこの円周上にある．

これより，$\angle BAE = \angle BDE = \angle DBA$ となり，これを 2 倍して，$\angle BAC = \angle CBA$ が得られる．したがって，$|CA| = |CB|$ である． □

第 14 章 共円関係を用いる証明法

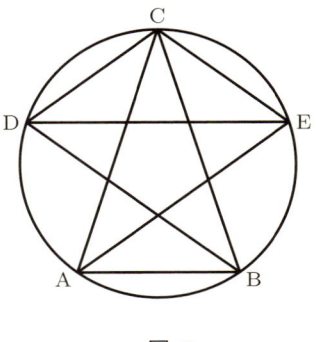

図 3

2. $F = BH \cap AD$ とする (図 4). $\triangle ABF \equiv \triangle BCP$ なので $|AF| = |BP| = |BQ|$ である. したがって, $|FD| = |CQ|$ であり, 四角形 QCDF は長方形である. $\angle CHF = 90°$ だから, 5 点 Q, C, D, F, H は同一円周上にある. また, $\angle DCQ = 90°$ より, DQ はこの円の直径である. したがって, $\angle QHD = 90°$ である. □

図 4

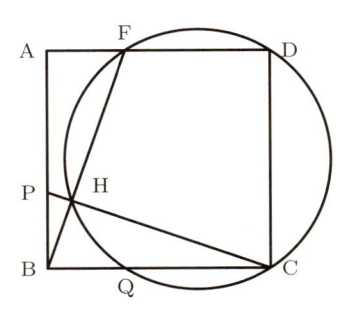

3. 中心角の定理により, $\angle CPA = \dfrac{1}{2}\angle COA = 45°$ である (図 5). $\angle BPR = \angle RQB = 90°$ より, 4 点 P, B, Q, R は同一円周上にある.

よって, $\angle QBR = \angle QPR = \angle CPA = 45°$ である. これより, $\triangle BQR$ は $|QB| = |QR|$ の直角二等辺三角形である. □

図 5

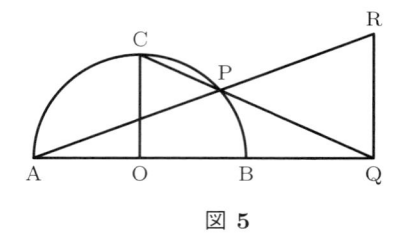

4. $X = CP \cap AB$ とする (図 6). 接弦定理により,
$$\angle PQA = \angle PAX = \angle XPA = \angle CPR$$
である. 角 BRA は $\triangle RPC$ の外角だから,
$$\angle BRA = \angle BCP + \angle CPR = \angle BQP + \angle PQA = \angle BQA$$
である. よって, 4 点 B, R, Q, A は同一円周上にある. また, AB は $\varGamma_2$ に接するので $\angle ABP = \angle BQP$ である. 以上より,
$$\angle RPB = \angle RAB + \angle ABP = \angle RQB + \angle BQP = \angle RQP$$
となり, 接弦定理の逆により, $\triangle PQR$ の外接円は直線 BP に接する.

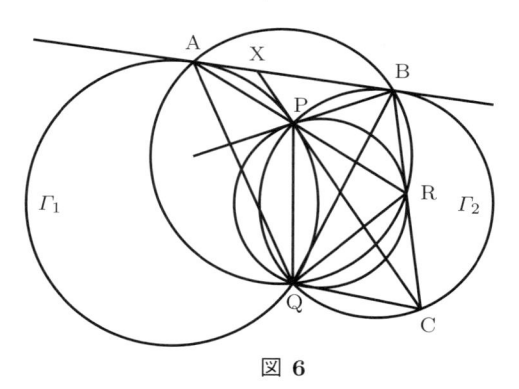

図 6

$\angle PQA = \angle PAX = \angle RAB = \angle RQB$ だから, $\angle RQP = \angle BQA = \angle BRA$ である. よって, BR も $\triangle PQR$ の外接円に接する. □

5. $F = BD \cap CE$ とする (図 7). $\angle AEF = \angle ADF$ だから, 4 点 A, F, D, E は同一円周上にある. また,

$$\angle CBA = \angle EDA = \angle EFA = 180° - \angle AFC$$

だから, 4 点 A, B, C, F は同一円周上にある.

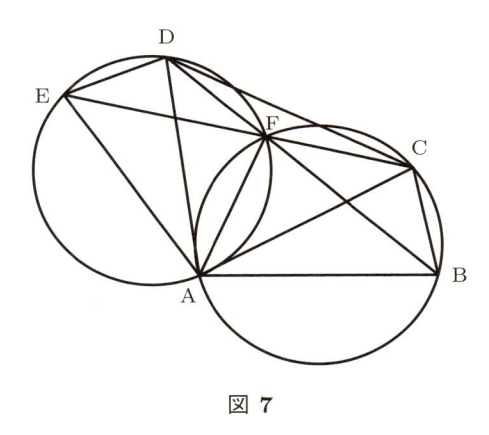

図 7

したがって, $\angle BAC = \angle BFC = \angle DFE = \angle DAE$ である. □

6. $\angle FCB = 180° - \angle BEF = \angle FEA$ である. 同様に, $\angle EAF = 180° -$

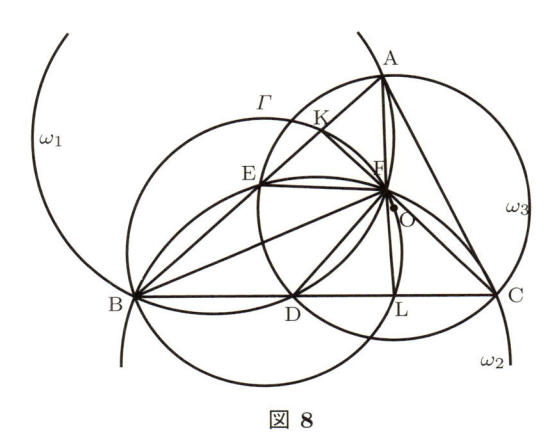

図 8

∠FDB = ∠CDF である．よって，△AEF ∽ △DCF である．線分 AE, CD の中点をそれぞれ K, L とする．△AKF ∽ △DLF より，∠FKA = ∠FLD である．よって，4 点 B, K, F, L は同一円周 Γ 上にある．

点 O は，線分 AE, CD の垂直二等分線の交点であるので，∠KOL + ∠LBK = $180°$ である．よって，B, K, O, L も同一円周 Γ 上にある．∠BKO = $90°$ なので，OB は円 Γ の直径である．ゆえに，∠BFO = $90°$ である． □

第 15 章

軌跡

　ある条件を満たす点全体の集合を**軌跡**という.

　軌跡の問題では「逆の証明」, つまり,「求めた集合上の任意の点が最初の条件を満たすことの証明」を行え, と高校などで習った人も多いと思う. しかし, 数学的には, 軌跡を求める過程で, 同値性がくずれないように議論がなされていれば, わざわざ逆の証明を書く必要はない. また, 軌跡の連続性などを認めれば逆の証明が不要な場合もある. このあたりは, 数学的に判断するしかない.

　問題として出題されるような初等幾何の軌跡の問題の答は, 直線か円の一部 (ときに 2 次曲線) になるようなものしかないから, まず, 答がどちらになるのか見当をつけることが大切である. 答が円や円弧になる場合は, 前節までに扱った共円関係の証明と同じ考え方で解いていけばよい. 答が直線や線分になる場合は, ケースバイケースであるが, 共線関係の証明の考え方が役に立つ場合も少なくない (軌跡が 2 次曲線になる問題は, 本書の範疇外であるが, 座標を使うか, 焦点・準線の性質を用いるのが普通である).

　座標やベクトルを使うほうが簡明な場合も多いが, 角度や円が関係する場合は, 解析幾何を使うと繁雑になってしまうことが多い.

―――― 演習問題 15 ――――

1. 2 定点 A, B と, A, B を通る円 Γ が与えられている. 動点 M は円周 Γ 上を動く. 点 K は線分 MB の中点で, K から直線 AM に下ろした垂線の足を P とする. 動点 M が円周 Γ 上を動くとき点 P の軌跡を求めよ.

(1963 年ソ連数学オリンピック 9 年生問 4)

2. 点 O を中心とする円 $\varGamma$ と，O を通る直線 ℓ が与えられている．また，ℓ 上に中心を持ち O を通る円 $\varGamma'$ を描く．$\varGamma'$ を動かすとき，$\varGamma$ と $\varGamma'$ の共通外接線が $\varGamma'$ と接する点の軌跡を求めよ．

(1962 年ソ連数学オリンピック 8 年生問 2)

3. 正三角形 ABC の内部を動点 P が $\angle\text{CPA} = 120°$ を満たしながら動いている．半直線 CP と AB は点 M で交わり，半直線 AP と BC は点 N で交わるとする．点 P が動くとき，三角形 MBN の外心の軌跡を求めよ．

(2002 年ラテンアメリカ数学オリンピック問 3)

4. $|\text{BA}| = |\text{BC}|$ である二等辺三角形 ABC が与えられている．三角形 ABC 内の点 M で，M から AC までの距離が，M から BA までの距離と M から BC までの距離の幾何平均に等しいような点全体の集合を求めよ．

(1963 年ソ連数学オリンピック 11 年生問 4)

5. 四角形 PQRS は円に内接し，辺 PQ と RS は平行でない．2 点 P, Q を通る円全体の集合，および，2 点 R, S を通る円全体の集合を考える．2 つの集合から 2 円が接するように 1 つずつ円を選ぶとき (2 円をいろいろ動かしたとき)，その接点全体の集合 A を求めよ．

(1995 年アジア太平洋数学オリンピック問 3)

—— 解答 ——

1. 円 $\varGamma$ の中心に関して A と対称な点を C とする．$\angle\text{AMC} = 90°$ だから，PK // MC で，仮定から $|\text{MK}| = |\text{KB}|$ である．したがって，直線 PK は線分 BC と，BC の中点 H で交わる (図 1)．

$\angle\text{APH} = 90°$ だから，P は AH を直径とする円周上を動く． □

2. 円 $\varGamma'$ の中心を O' とし，図 2 のように点 M, N, P, Q を取る．つまり，M, N は $\varGamma, \varGamma'$ の共通外接線との接点とし，P, Q は $\varGamma$ と ℓ の交点とする．

第 15 章 軌跡

図 1

図 2

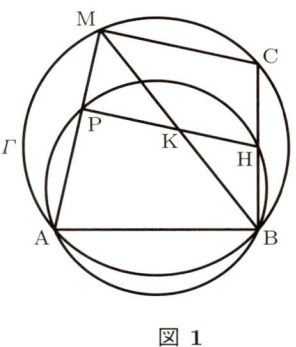

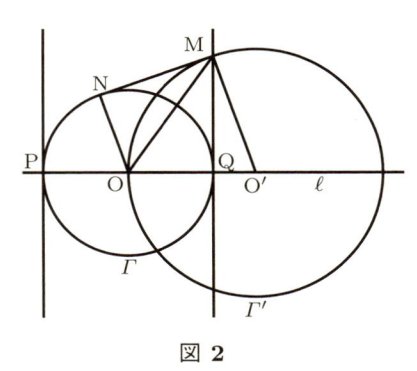

$$\angle \text{MON} = \angle \text{OMO}' = \angle \text{O}'\text{OM}$$

なので，$\triangle \text{MNO} \equiv \triangle \text{MQO}$ である．したがって，$\text{MQ} \perp \ell$ である．

ただし，O' が O より左側にあるときは，$\text{MP} \perp \ell$ である．

以上より，求める軌跡は，点 P を通る ℓ の垂線と，点 Q を通る ℓ の垂線の和集合である．ただし，点 P, Q を除く． □

3. G を $\triangle \text{ABC}$ の重心とする．$\angle \text{MPN} = \angle \text{CPA} = 120°$, $\angle \text{NBM} = 60°$ より，四角形 MBNP は円に内接する．つまり，点 P は $\triangle \text{MBN}$ の外接円 Γ 上にある．また，P は $\triangle \text{AGC}$ の外接円上にある．よって，

$$\angle \text{GPM} \equiv \angle \text{GPC} \equiv \angle \text{GAC} = 30° = \angle \text{GBM} \pmod{180°}$$

である．よって，G も円周 Γ 上にある．したがって，Γ の中心は線分 BG の垂直二等分線 ℓ 上にある．

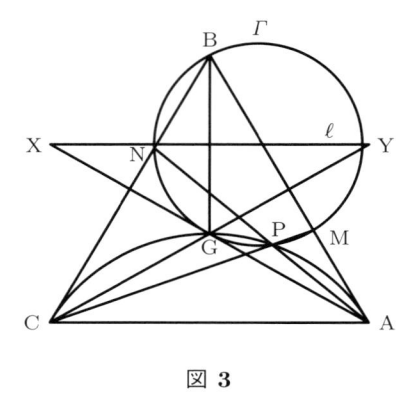

図 3

$X = \ell \cap AG$, $Y = \ell \cap CG$ とする．$P \to A$ のとき Γ の中心 O は X に近づき，$P \to B$ のとき $P \to Y$ となる．P が A から C に動くとき，O は連続的かつ単調に X から Y に動く．よって，求める軌跡は線分 XY である．ただし，両端 X, Y は除く． □

4. M から BA, BC, AC に下ろした垂線の足をそれぞれ E, F, H とする

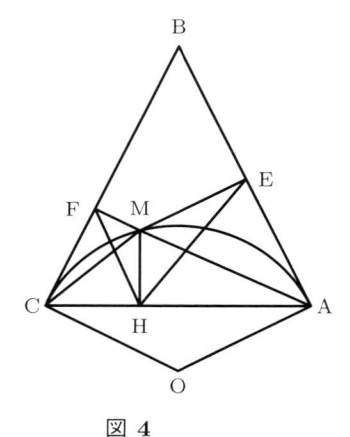

図 4

(図 4). 四角形 AEMH と CHMF は対応する 4 個の角が等しく，かつ $|EM| : |MH| = |HM| : |MF|$ なので相似である．したがって，$\triangle AEM \backsim \triangle CHM$，$\triangle AMH \backsim \triangle CMF$ である．これより，

$$\angle CMA = \angle CMH + \angle HMA = \angle CMH + \angle FMC$$
$$= \angle FMH = 180° - \angle ACB$$

で，$\angle CMA$ は M に依らずに一定の値をとる．したがって，M は A, C を通るある円周 $\varGamma$ 上にある．

簡単な角度の計算から，円 $\varGamma$ の中心 O は，A を通る BA の垂線と，C を通る BC の垂線の交点であることがわかる．また，M は $\triangle ABC$ の内部にあるのだから，もとめる軌跡は，$\varGamma$ の劣弧 $\overparen{AC}$ の部分 (両端を除く) である．□

5. 2 点 P, Q を通る円全体の集合を Ω_1, 2 点 R, S を通る円全体の集合を Ω_2 とし，四角形 PQRS の外接円を ω とする (図 5)．$\Omega_1 \cap \Omega_2 = \{\omega\}$ である．特に，ω 上のすべての点は，$\omega \in \Omega_1$ と $\omega \in \Omega_2$ の接点なので，A に属する．

$\varGamma_1 \in \Omega_1$ と $\varGamma_2 \in \Omega_2$ が異なる円の場合を考える．$\varGamma_1$ と $\varGamma_2$ の接点を T とする (2 円は内接でも外接でもよい)．

$O = PQ \cap RS$ とし，$r = \sqrt{|OP| \cdot |OQ|}$ とする．方巾の定理により，

$$|OT|^2 = |OR| \cdot |OS| = |OP| \cdot |OQ| = r^2$$

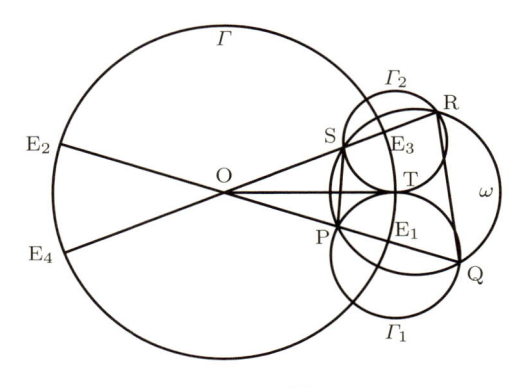

図 5

である．したがって，接点 T は O を中心とする半径 r の円周 Γ 上にある．

しかし，Γ 上のすべての点 T が，A の点になり得るわけではない．直線 PQ と円 Γ の交点を E_1, E_2，直線 RS と円 Γ の交点を E_3, E_4 とする．Ω_1 に属する円は E_1, E_2 を通らず，Ω_2 に属する円は E_3, E_4 を通らないので，$E_1, E_2, E_3, E_4 \notin A$ である．T がこれら 4 点以外の Γ 上の点のときは，P, Q, T を通る円 $\Gamma_1 \in \Omega_1$ と，R, S, T を通る円 $\Gamma_2 \in \Omega_2$ が存在する．Γ_1 と Γ_2 が T 以外の点 T′ で交われば，方巾の定理により，

$$|\mathrm{OT}| \cdot |\mathrm{OT'}| = |\mathrm{OP}| \cdot |\mathrm{OQ}| = r^2$$

であるから，$|\mathrm{OT}| = |\mathrm{OT'}|$ となる．これは T = T′ を意味し，矛盾である．したがって，Γ_1 と Γ_2 は T で接し，T $\in A$ となる．

以上より，$A = \omega \cup \Gamma - \{E_1, E_2, E_3, E_4\}$ である． □

第 16 章

幾何不等式・最大最小問題

　代数でも，等式の証明より不等式の証明のほうが難しい場合が多いのと同様に，幾何不等式は着想が発見しにくい問題が多い．

　最大・最小問題は幾何不等式の応用の意味もあるが，あらかじめ，どういう場合に最大・最小になるか見当をつけてから証明を始めるところが幾何不等式とは少し考え方の違うところである．問題によっては，最大・最小を与える場合の見当がつけにくいこともあるし，微分等を利用したほうが簡単な場合も多い．

　幾何不等式で必要な道具をあえて言えば，次の三角不等式とシュワルツの不等式で，その他，代数的な種々の不等式も利用される．

定理 16.1　（1）　（三角不等式）（ユークリッド空間内の）3 点 A, B, C について次の不等式が成り立つ．

$$|AC| \leqq |AB| + |BC| \qquad ①$$

また，①で等号が成り立つのは，点 B が線分 AC 上にある場合に限る．

　（2）　三角形 ABC の内部または周上に点 D があるとき，

$$|AD| + |DC| \leqq |AB| + |BC| \qquad ②$$

が成り立つ．②で等号が成立するのは，D = B の場合に限る．

　（3）　（シュワルツの不等式）ベクトル $\mathbf{a}, \mathbf{b}$ に対して，

$$\mathbf{a} \cdot \mathbf{b} \leqq |\mathbf{a}| \cdot |\mathbf{b}| \qquad ③$$

が成り立つ．$\mathbf{a}, \mathbf{b}$ がゼロベクトルでないとき，③で等号が成立するのは，ある正の実数 k が存在して $\mathbf{b} = k\mathbf{a}$ が成り立つ場合に限る．

(1), (3) はよく知られた事実なので証明は割愛する (というより，距離や内積の定義に直結する性質で，何を幾何の公理系として採用するかに依存する). (2) は，$B' = AD \cap BC$ として (1) を用い，

$$|AD| + |DC| \leqq |AD| + |DB'| + |B'C| = |AB'| + |B'C|$$
$$\leqq |AB| + |BB'| + |B'C| = |AB| + |BC|$$

として証明できる. □

—— 演習問題 16 ——

1. A, B, C, D はこの順に一直線上に並んでいる．この直線上にない任意の点 E は，

$$|AE| + |ED| + \bigl||AB| - |CD|\bigr| > |BE| + |CE|$$

を満たすことを証明せよ．

(1984 年ソ連数学オリンピック 9 年生問 6)

2. 三角形 ABC の辺 BC, CA, AB 上にそれぞれ点 A_1, B_1, C_1 があり，

$$\frac{|AC_1|}{|C_1B|} = \frac{|BA_1|}{|A_1C|} = \frac{|CB_1|}{|B_1A|} = \frac{1}{3}$$

を満たしている．三角形 ABC の周の長さを P，三角形 $A_1B_1C_1$ の周の長さを p とすれば，$\dfrac{P}{2} < p < \dfrac{3P}{4}$ であることを証明せよ．

(1981 年ソ連数学オリンピック 8 年生問 8)

3. 鋭角三角形 ABC において，$\angle B = 60°$ である．線分 AC を直径とする円周と，角 A, C の二等分線の交点を，それぞれ M, N とする．ただし，M $\neq$ A, N $\neq$ C である．また，角 B の二等分線と，直線 MN, AC の交点を，それぞれ R, S とする．このとき，$|BR| \leqq |RS|$ であることを証明せよ．

(2003 年南半球数学オリンピック問 3)

第 16 章　幾何不等式・最大最小問題

4. $|PA| = 3, |PB| = 5, |PC| = 7$ を満たす三角形 ABC のうち，周の長さが最大である三角形は，P を内心とすることを証明せよ．

(1988 年ラテンアメリカ数学オリンピック問 3)

5. 鋭角三角形 ABC の辺 AC 上に動点 M がある．三角形 ABM と BCM の外接円の共通部分の面積が最小になるのは M がどのような位置にあるときか．

(1986 年ソ連数学オリンピック 8 年生問 3)

6. 面積 1 の三角形 ABC の辺 BC, CA, AB の中点をそれぞれ A_m, B_m, C_m とする．K, L, M がそれぞれ線分 AB_m, BC_m, CA_m 上の動点のとき，三角形 $A_m B_m C_m$ と KLM の重なった部分の面積の最小値を求めよ．

(1974 年ソ連数学オリンピック 10 年生問 6)

―――― 解答 ――――

1. 直線 AD 上に $\overrightarrow{AB} = \overrightarrow{CD'}$ となるように点 D′ をとる (図 1)．また AD′ の中点を O とし，O に関し E と対称な点を E′ とする．

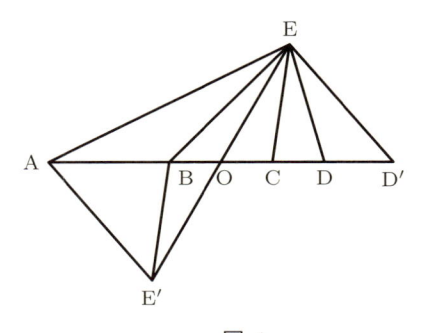

図 1

$|ED| + \big||AB| - |CD|\big| = |ED| + |DD'| \geqq |ED'|$ だから，$|AE| + |ED'| > |BE| + |CE|$ を示せばよい．$|ED'| = |AE'|$, $|CE| = |E'B|$ だから，この不等式は $|EA| + |AE'| > |EB| + |BE'|$ と同値であるが，点 B は △AEE′ の内部にあるから，これは定理 16.1 (2) からしたがう． □

2. △A_1B_1C に三角不等式を適用して

$$|A_1B_1| > |A_1C| - |B_1C| = \frac{3}{4}|BC| - \frac{1}{4}|CA|$$

となる (図 2). 同様に, $|B_1C_1| > \frac{3}{4}|CA| - \frac{1}{4}|AB|$, $|C_1A_1| > \frac{3}{4}|AB| - \frac{1}{4}|BC|$ だから, $p > \frac{P}{2}$ となる.

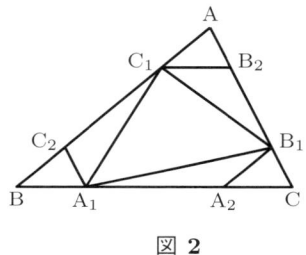

図 **2**

$p < \frac{3P}{4}$ を示す. 辺 BC, CA, AB 上にそれぞれ点 A_2, B_2, C_2 を,

$$\frac{|AC_2|}{|C_2B|} = \frac{|BA_2|}{|A_2C|} = \frac{|CB_2|}{|B_2A|} = 3$$

となるようにとる. $|A_1A_2| = \frac{1}{2}|BC|$, $|C_1B_2| = \frac{1}{4}|BC|$ 等に注意すると, 六角形 $A_1A_2B_1B_2C_1C_2$ の周の長さは $\frac{3P}{4}$ であることがわかる. 三角不等式 $|A_1B_1| < |A_1A_2| + |A_2B_1|$ 等より, p は 6 角形 $A_1A_2B_1B_2C_1C_2$ の周の長さより小さく, $p < \frac{3P}{4}$ である. □

3. △ABC の内心を I とする. ∠CIA $= 90° + \frac{1}{2}$∠B $= 120°$ より, ∠AIN $= 60°$, ∠NAM $= 30°$, ∠BIC $= 90° + \frac{1}{2}$∠A $= 90° +$ ∠MAC $= 90° +$ ∠MNC, ∠IRN $=$ ∠BIC $-$ ∠MNC $= 90°$ である. よって, BS ⊥ MN である.

$C' = AB \cap MN$ とする. ∠C'NI $=$ ∠MNC $=$ ∠MAC $=$ ∠C'AI より, 4 点 A, N, C', I は同一円周上にある. よって, ∠IC'A $=$ ∠INA $= 90°$ である. よって, IC' ⊥ AB である. 同様に, $A' = BC \cap MN$ とすると, IA' ⊥ BC である.

第 16 章 幾何不等式・最大最小問題   177

図 3

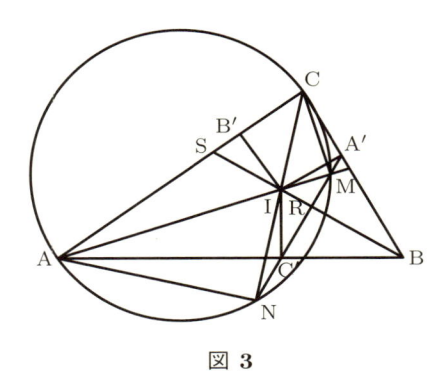

これより，容易に $|IR|:|RB|=1:3$ が得られる．

I から AC に下ろした垂線の足を B′ とする．△ABC の内接円の半径を r とすると，$|IB'|=|IC'|=r$ である．また，$|IB|=2r$, $|BR|=\dfrac{3r}{2}$, $|RI|=\dfrac{r}{2}$, $|IS| \geqq |IB'|=r$ だから，$|RS| \geqq \dfrac{3r}{2}=|BR|$ である． □

4. $|PA|=3$, $|PB|=5$, $|PC|=7$ を満たす △ABC のうち，$|AB|+|BC|+|CA|$ が最大になるものをとる．P を中心とする半径 3 の円周 $\varGamma$ 上を動点 A′ を動かし，また，2 点 B, C を焦点とし $|BA''|+|CA''|=|BA|+|CA|=$ 一定 を満たす楕円 E 上を動点 A″ を動かす．

周長の最大性から，$|BA'|+|CA'| \leqq |BA|+|CA|=|BA''|+|CA''|$ である．これは，円 $\varGamma$ が楕円 E に含まれることを意味し，$\varGamma$ と E は点 A で接する．したがって，点 A における円 $\varGamma$ の接線 ℓ は，楕円 E とも点 A において接す

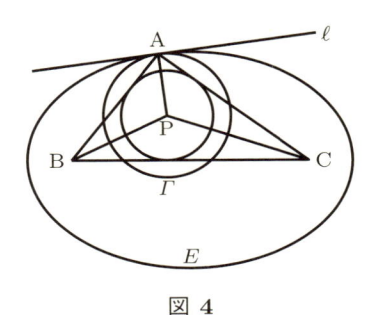

図 4

る．$\ell \perp \mathrm{AP}$ と，楕円における反射の法則 (一方の焦点から出た光は，楕円に反射して他方の焦点に到達する) より，$\angle \mathrm{BAP} = \angle \mathrm{PAC}$ である．つまり，P は $\triangle \mathrm{ABC}$ の頂角 A の二等分線上にある．

同様に，P は頂角 B, C の二等分線上にあることが示せるので，P は $\triangle \mathrm{ABC}$ の内心である． □

5. 点 B から AC 下ろした垂線の足を $\mathrm{B_h}$ とする (図 5)．$\mathrm{M} = \mathrm{B_h}$ のとき求める面積が最小になることを示す．求める図形が，M がどこにあっても相似であることを示せば，BM の長さが最小になるのは $\mathrm{M} = \mathrm{B_h}$ のときだから，上の結論が導かれる．

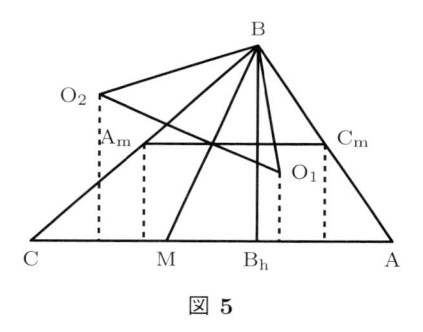

図 5

AB, BC の中点をそれぞれ $\mathrm{C_m}$, $\mathrm{A_m}$ とする．$\mathrm{C_m}$ は $\triangle \mathrm{ABB_h}$ の外接円 C_1 の中心，$\mathrm{A_m}$ は $\triangle \mathrm{BCB_h}$ の外接円 C_2 の中心である．$\triangle \mathrm{ABM}$ の外接円 $\varGamma_1$ の中心を $\mathrm{O_1}$，$\triangle \mathrm{BCM}$ の外接円 $\varGamma_2$ の中心を $\mathrm{O_2}$ とする．2 つの円板の共通部分 $C_1 \cap C_2$ と $\varGamma_1 \cap \varGamma_2$ が相似であることを示すには，$\triangle \mathrm{BA_m C_m} \backsim \triangle \mathrm{BO_2 O_1}$ を示せばよい．

円 $\varGamma_1$ に中心角の定理を用いると，

$$\angle \mathrm{BO_1 O_2} = \frac{1}{2}\angle \mathrm{BO_1 M} = \angle \mathrm{BAM} = \angle \mathrm{BC_m A_m}$$

であり，同様に $\angle \mathrm{O_1 O_2 B} = \angle \mathrm{C_m A_m B}$ なので，$\triangle \mathrm{BA_m C_m} \backsim \triangle \mathrm{BO_2 O_1}$ である． □

6. 図 6 のように記号を定める．

図 6

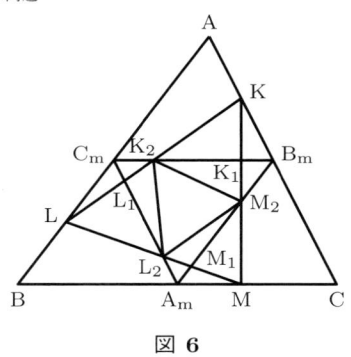

$$\frac{|M_1M_2|}{|A_mM_1|} \geqq \frac{|LA|}{|BL|} \geqq \frac{|C_mA|}{|BC_m|} = 1$$

であるので $|A_mM_1| \leqq |M_1M_2|$ である．したがって

$$Area(\triangle A_mM_1L_2) \leqq Area(\triangle M_1M_2L_2)$$

である．同様に，

$$Area(\triangle B_mK_1M_2) \leqq Area(\triangle K_1K_2M_2)$$

$$Area(\triangle C_mL_1K_2) \leqq Area(\triangle L_1L_2K_2)$$

である．$S = Area(\triangle A_mB_mC_m \cap \triangle KLM)$ とすると，上の不等式から

$Area(\triangle A_mB_mC_m) - S$
$= Area(\triangle A_mM_1L_2) + Area(\triangle B_mK_1M_2) + Area(\triangle C_mL_1K_2)$
$\leqq Area(\triangle M_1M_2L_2) + Area(\triangle K_1K_2M_2) + Area(\triangle L_1L_2K_2)$
$= S - Area(\triangle K_2L_2M_2) \leqq S$

が得られる．したがって，

$$S \geqq \frac{1}{2}Area(\triangle A_mB_mC_m) = \frac{1}{8}$$

である．ここで，等号は，たとえば，$K = A$, $L = B$, $M = A_m$ のとき実現される．したがって S の最小値は $\frac{1}{8}$ である． □

第17章
作図問題

　定規とコンパスのみを用いて条件を満たす図形などを作図する問題は，ユークリッドの『原論』以来，伝統的に出題され続けている問題である．作図用具に制限をつけて，直線定規だけを用いて作図させるような問題もみかける．

　このような作図問題では，実際に紙の上で作図を行う作業自体よりも，作図手順を文書で説明することと，その作図手順によって要求されている図形などが正しく作図できることの証明を述べることが大切である．

　ある手順で求める図形が作図できることの証明自体は簡単でも，作図手順の発見が困難で，問題が難しくなることも少なくない．

　余談だが，一般の角の3等分線の作図が定規とコンパスだけでは不可能であることは大学で学ぶガロア理論の応用として，とりあげられるが，大工さんが使う金尺なども作図用具として使ってよいことにすれば，角の3等分も可能になる．このように，使って良い作図用具をいろいろ変えてみると，種々の問題が新たに作れる．ただし，この章では，定規とコンパスによる作図問題だけを扱った．

—— 演習問題 17 ——

　注　以下の問において「作図」は，目盛りのない直線定規とコンパスのみを用いて行うものとする．

　1. 平面上に四角形 ABCD と点 M が与えられている．点 M を中心とする平行四辺形で，その4頂点がそれぞれ直線 AB, BC, CD, DA 上にあるようなものを1つ作図せよ．

第 17 章 作図問題

2. 線分 AA_h と，その上の点 H が与えられている．A_h を A から BC に下ろした垂線の足とし，H を垂心とする三角形 ABC を 1 つ作図せよ．

3. 線分 AB を直径とする円があり，線分 AB 上に点 C がある．この円周上にあって，直線 AB に関して対称な 2 点 X, Y で，2 直線 YC と XA が直交するようなものを 1 つ作図せよ．

(1970 年ソ連数学オリンピック 8 年生問 1)

4. 角 XAY と，その角の間に点 P が与えられている．以下の条件を満たす直線 d を 1 つ作図せよ．

条件：直線 d は点 P を通り，d と半直線 AX, AY の交点をそれぞれ B, C とするとき，三角形 ABC の面積は $|AP|^2$ に等しい．

(1994 年バルカン数学オリンピック問 1)

5. 長さ a, b (の線分) が与えられている．次の条件を満たす三角形 ABC を作図せよ．

条件：$|CB| = a$, $|CA| = b$ であり，A, B から対辺に引いた 2 本の中線は直交する．

(1962 年ソ連数学オリンピック 9 年生問 1)

6. 円 Γ と正の実数 h, m (を長さとする線分) が与えられている．円 Γ に内接する台形 ABCD で，高さが h，上底と下底の長さの和が m であるようなものが存在する場合，この台形 ABCD を作図せよ．

(1992 年ラテンアメリカ数学オリンピック問 5)

—— 解答 ——

1. 点 M に関して A, B, C, D と対称な点をそれぞれ A', B', C', D' とする (図 1)．$P = AB \cap B'C'$, $Q = CD \cap D'A'$, $P' = A'B' \cap BC$, $Q' = C'D' \cap DA$ とすれば，四角形 $PQP'Q'$ が求める平行四辺形の 1 つである． □

図 1

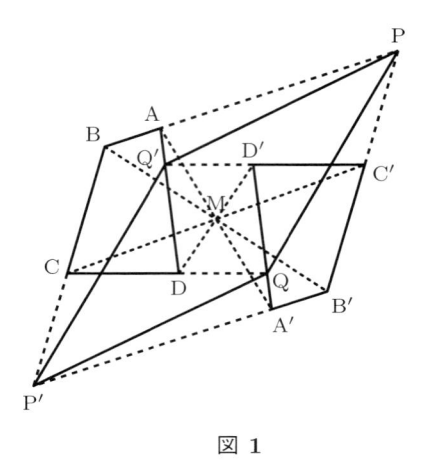

2. 線分 AH を直径とする円 Γ_1 と，点 A_h を中心とし $|HA_h|$ を半径とする円 Γ_2 を作図する (図 2)．また，点 A_h を通り AA_h に垂直な直線 ℓ を作図し，ℓ と Γ_2 の交点の 1 つを B とする．直線 BH と Γ_1 の H 以外の交点を B_h とする．そして，C = $AB_h \cap \ell$ とする．$BB_h \perp AC$ より，H は △ABC の垂心になっている．

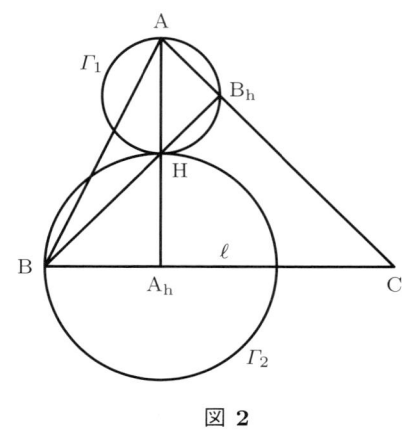

図 2

なお，題意を満たす △ABC は無数に存在するので，他にもいろいろな解があり，上とは異なる三角形を作図する解もいろいろある． □

3. 線分 BC の垂直二等分線と，AB を直径とする円の 2 交点を X, Y として作図すればよい (図 3)．そうすれば，BC の中点を K とするとき，△KBX と △KCY は合同な直角三角形だから，CY // XB となり，これと ∠AXB = 90° より YC ⊥ XA となる． □

図 3

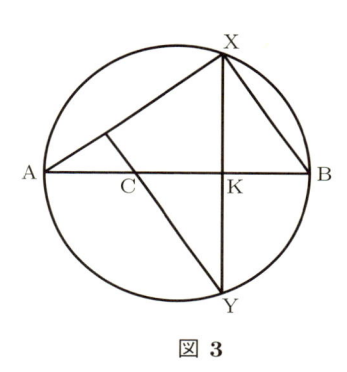

4. 条件を満たす d が作図できたとする．点 D, E は直線 AB 上の点で，PD // AC, PE ⊥ AB を満たすとする (図 4)．

$$p = |\text{AP}|, \quad d = |\text{AD}|, \quad h = |\text{PE}|, \quad x = |\text{DB}|$$

とおく．△ABC ∽ △DBP と，$Area(\triangle ABC) = |AP|^2 = p^2$ より，

$$\frac{(d+x)^2}{x^2} = \frac{|\text{AB}|^2}{|\text{DB}|^2} = \frac{Area(\triangle \text{ABC})}{Area(\triangle \text{DBP})} = \frac{p^2}{\frac{1}{2}xh} = \frac{2p^2}{xh}$$

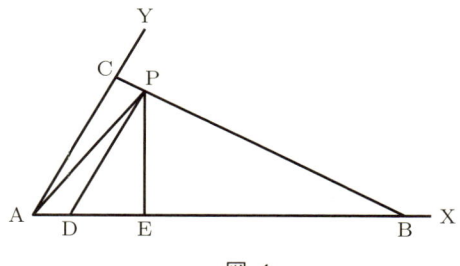

図 4

が得られる．これを x について整理すると，

$$x^2 - 2\left(\frac{p^2}{h} - d\right)x + d^2 = 0 \qquad ①$$

となる．したがって，この x の長さを作図し，$|DB| = x$ となる点 B を作図し，直線 PB を描けばよい．

作図法 長さ $r = \dfrac{p^2}{h} - d$ を作図し，半径 r の円 Γ を描く．MN をその直径とし，MN と平行で距離 d だけ離れた直線 ℓ を描く．Γ と ℓ の交点の 1 つを S とし，S から MN に下ろした垂線を足を T とする．すると $x = |MT|$ ないしは $x = |NT|$ が求める長さである． □

5. 長さ b の線分 AC を描き，AC 上に点 M を $|AM|:|MC| = 3:1$ となるようにとる．次に，AM を直径とする円 Γ を描き，点 C を中心とする半径 $\dfrac{a}{2}$ の円と Γ の交点の 1 つを A_m とする．線分 CA_m を 2 倍し，A_m が BC の中点になるように点 B を描く．これが題意を満たす三角形 ABC であることを示す．

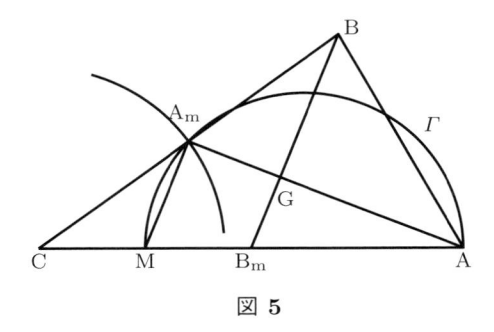

図 5

CA の中点を B_m とすると，M は線分 CB_m の中点だから，中点連結定理により $A_mM \parallel BB_m$ である．$\angle MA_mA = 90°$ であるから，$AA_m \perp BB_m$ である． □

6. 題意を満たす台形 ABCD ($AB \parallel DC$, $|CD| \leqq |AB|$) があれば，それは

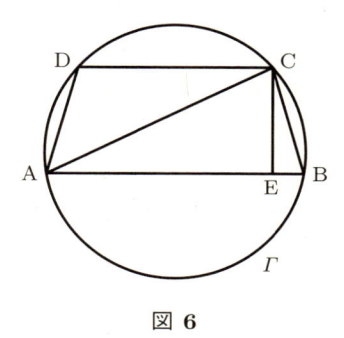

$|AD| = |BC|$ の等脚台形である (図 6). C から AB に引いた垂線の足を E とする. $|AE| = \dfrac{|AB| + |DC|}{2} = \dfrac{m}{2}$, $|CE| = h$ である. したがって, 次のようにすれば, ABCD を作図できる.

(1) $\angle C'E'A' = 90°$, $|A'E'| = \dfrac{m}{2}$, $|C'E'| = h$ である直角三角形 $A'E'C'$ を作図する.

(2) 円 Γ 上に点 A をとり, A を中心に半径 $|A'C'|$ の円を描き, この円と Γ の交点の 1 つを C とする.

(3) $\triangle AEC \equiv \triangle A'E'C'$ となるように, 点 E を円 Γ 内にとる.

(4) 直線 AE と円 Γ の A 以外の交点を B とする.

(5) 点 C を通り直線 AE と平行な直線と, 円 Γ の C 以外の交点を D とする.

この ABCD が題意を満たす台形である. □

第18章

相似変換

平面上の 2 つの図形 A, B が相似であるとか，合同であることの定義をきちんと書いてみよう．

何個かの平行移動，回転移動，対称移動の合成として表わすことのできる写像 $f\colon \mathbb{R}^2 \to \mathbb{R}^2$ を**合同変換**という．写像 $f\colon \mathbb{R}^2 \to \mathbb{R}^2$ が合同変換であるための必要十分条件は，任意の点 $\mathrm{P}, \mathrm{Q} \in \mathbb{R}^2$ に対し，$|f(\mathrm{P})f(\mathrm{Q})| = |\mathrm{PQ}|$ が成り立つことである．ある合同変換 $f\colon \mathbb{R}^2 \to \mathbb{R}^2$ によって，$f(A) = B$ となる場合，A と B は**合同**であるといい，$A \equiv B$ とか $A \cong B$ と書く．

同様に，上の 3 種類の変換に，「1 点を中心とした相似拡大 (中心拡大)」を加えた 4 種類の変換の合成として表わすことのできる写像が**相似変換**である．写像 $f\colon \mathbb{R}^2 \to \mathbb{R}^2$ が拡大率 r の相似変換であるための必要十分条件は，任意の点 $\mathrm{P}, \mathrm{Q} \in \mathbb{R}^2$ に対し，$|f(\mathrm{P})f(\mathrm{Q})| = r\,|\mathrm{PQ}|$ が成り立つことである．ある相似変換 $f\colon \mathbb{R}^2 \to \mathbb{R}^2$ によって，$f(A) = B$ となる場合，A と B は**相似**であるといい，$A \backsim B$ とか，$A \sim B$ を書く．

ここで，「1 点 O を中心とした相似拡大」というのが，本章で大切な役割を果たす．この点 O を**相似の中心**という．O が原点の場合，r を定数 (拡大率) として，$f(x, y) = (rx, ry)$ で定まる写像 f が，O を中心とした拡大率 r の**相似拡大 (中心拡大)** である．$0 < r < 1$ の場合は，**相似縮小**ともいう．

● 相似の中心

相似変換 $f\colon \mathbb{R}^2 \to \mathbb{R}^2$ が向きを保つとき，つまり $\angle \mathrm{ABC} = \angle f(\mathrm{A})f(\mathrm{B})f(\mathrm{C})$ を満たすとき，f を**正の相似変換**という．平面上の集合 A と B が正の相似変換で移り合うとき，A と B は**正の相似** (direct similar) であるという．

第 18 章 相似変換

定理 18.1 $f\colon \mathbb{R}^2 \to \mathbb{R}^2$ が平行移動でない正の相似変換であれば，ある点 $P \in \mathbb{R}^2$ がただ 1 つ存在して，f は，点 P を中心とする回転移動と，P を中心とする相似拡大の合成として表わせる．この点 P を相似変換 f の**中心**という．

証明 複素数平面を利用し $\mathbb{C} = \mathbb{R}^2$ として考える．平行移動 $f\colon \mathbb{C} \to \mathbb{C}$ は $f(z) = z + b$ と表わせ，点 $p \in \mathbb{C}$ を中心とする角 θ の回転移動は $a = \cos\theta + \sqrt{-1}\sin\theta$ として，$f(z) = a(z-p) + p$ と表わせる．また，点 $p \in C$ を中心とする倍率 r の相似拡大は $f(z) = r(z-p) + p$ と表わせる．

これらはいずれも 1 次関数 $f(z) = az + b$ $(a, b \in \mathbb{C})$ の形である．1 次関数と 1 次関数の合成関数は 1 次関数だから，任意の正の相似変換は，$f(z) = az + b$ という形に表わせることがわかる．これが平行移動でないならば $a \neq 1$ であるので，1 次方程式 $z = az + b$ の解を $z = p$ とすれば，$f(z) = a(z-p) + p$ と変形できる．これは，p を中心とした回転移動と相似拡大の合成である． □

平行移動でない正の相似変換 $f\colon \mathbb{R}^2 \to \mathbb{R}^2$ の相似の中心を幾何的に作図することは容易である．相異なる 2 点 A, B をとり，A$'$ = f(A), B$'$ = f(B) とする．

もし，AB // A$'$B$'$ ならば，f は P = AA$'$ ∩ BB$'$ を中心とする中心拡大である．

AB と A$'$B$'$ が平行でない場合には，C = AB ∩ A$'$B$'$ とし，△AA$'$C の外接円と △BB$'$C の外接円の C 以外の交点を P とすると，P が相似の中心である．実際，∠PB$'$C = ∠PBC, ∠PA$'$C = ∠PAC なので，△PAB ∽ △PA$'$B$'$ となり，P が相似の中心であることが証明できる．

● **相似拡大の利用**

証明問題において，与えられた図形の中で，ある部分図形 A がある部分図形 B をある点 O を中心に相似拡大 (縮小) した図形になっている場合，このことを利用して，角度の相当や，2 直線の平行，3 直線の共点問題，あるいは 3 点の共線関係などを証明できる．

例題 18.2 四角形 ABCD は円 ω に外接している．$O = AB \cap CD$ とする．円 ω_1 は辺 BC と点 K で接し，さらに，直線 AB, CD と接する．また，円 ω_2 は辺 AD と点 L で接し，さらに，直線 AB, CD と接する．$(\omega_1 \neq \omega, \omega_2 \neq \omega)$ 3 点 O, K, L は同一直線上にあるとする．このとき，辺 BC の中点，辺 AD の中点，円 ω の中心は，同一直線上にあることを証明せよ．

(2000 年ロシア数学オリンピック 11 年生 5 次問 7)

解答 $|OA| \geqq |OB|$ と仮定しても一般性を失わない．直線 KL と ω の交点を P, Q (ただし，$|OP| \leqq |OQ|$) とする．さらに，点 P, Q における ω の接線を ℓ_1, ℓ_2 とする．

ℓ_1 と KL のなす角 $(\leqq 90°)$ を α とする．ℓ_2 と KL のなす角も α である．

円 ω_1 と直線 BC のなす図形を，点 O を中心に，K が Q に移るように相似拡大すると，円 ω と直線 ℓ_2 がなす図形が得られる．したがって，BC $/\!/ \ell_2$ で，$\angle CKP = \alpha$ である．同様に，AD $/\!/ \ell_1$ で，$\angle KLD = \alpha$ である．

また，$\angle CMN = \angle MND$ で，$\angle CMN + \angle MND = \angle CKL + \angle KLD = 2\alpha$ だから，$\angle CMN = \angle MND = \alpha$ となる．よって，PQ $/\!/$ MN である．しかも，$\widehat{QP}$ と $\widehat{MN}$ の中心角は 2α で等しいから，$|PQ| = |MN|$ である．

$\triangle OCB$ の内接円 ω_1 の接点 K と傍接円 ω の接点 M の中点は，辺 BC の

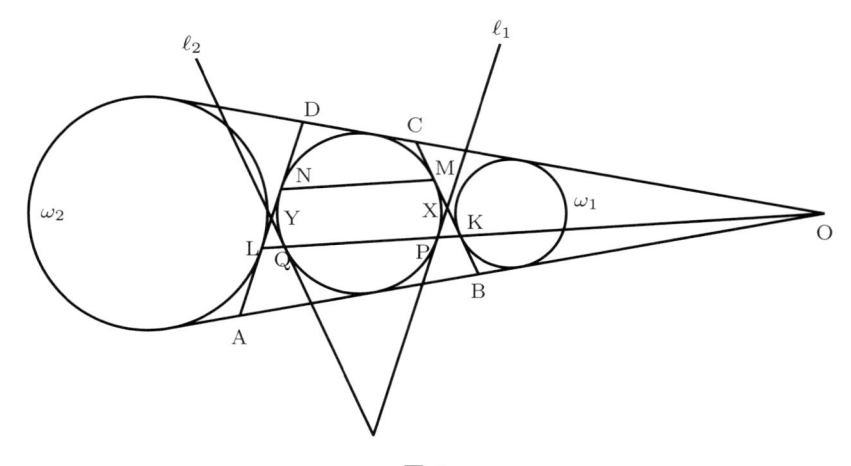

図 1

中点である (定理 7.2). したがって, BC の中点は KM の中点 X と一致する. 同様に, AD の中点は LN の中点 Y と一致する. X は BC と ℓ_1 の交点であり, Y は AD と ℓ_2 の交点である. また, 6 角形 MNYQPX は直線 XY に対し対称である. よって, XY は ω の中心を通る. □

● 一般の相似変換の利用

相似拡大以外の相似変換を利用することは, そういう証明方法があることを意識していないと気付きにくい. しかし, 与えられた図形中に 2 つの相似図形があることを見抜くのは容易なので, このことを意識していれば, そういう証明方法を発見するのは困難ではない.

例題 18.3 三角形 ABC の頂点 A から辺 BC へ下ろした垂線の足を A_h とする. 点 D, E は A_h を通る直線上の 2 点で, AD ⊥ BD, AE ⊥ CE, $A_h \neq$ D, $A_h \neq$ E を満たすとする. 線分 BC, DE の中点をそれぞれ A_m, M とするとき, AM ⊥ MA_m であることを証明せよ.

(1998 年アジア太平洋数学オリンピック問 4)

解答 四角形 $ABDA_h$, AA_hCE は円に内接するので,

$$\angle DBA = \angle EA_hA = \angle ECA$$

であり, よって, △ABD と △ACE は相似な直角三角形である.

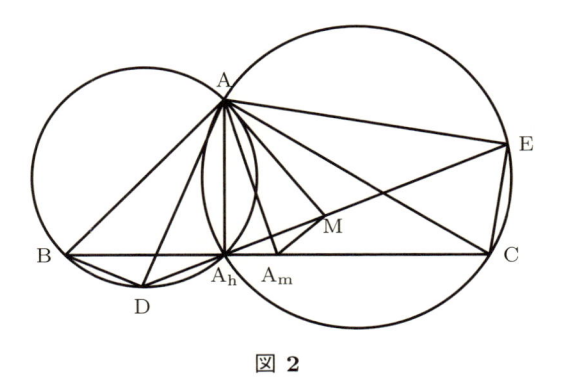

図 2

$f \colon \mathbb{R}^2 \to \mathbb{R}^2$ を A を中心に $\angle$BAD 回転し，$\dfrac{|AD|}{|AB|}$ 倍に拡大 (縮小) する相似変換とする．$f(A) = A$, $f(B) = D$, $f(C) = E$ なので，$f(BC) = DE$ である．特に，BC の中点は DE の中点に移るので，$f(A_m) = M$ である．

一般に，$P \in \mathbb{R}^2$ ($P \neq A$) に対し，$\triangle APf(P) \backsim \triangle ABD$ なので，$\triangle AA_mM$ は $\triangle ABD$ と相似な直角三角形である．よって，$AM \perp MA_m$ である． □

------ 演習問題 18 ------

1. 凸四角形 ABCD の内部に点 P をうまく選び，4 個の三角形 ABP, BCP, CDP, DAP の面積が等しくなるようにできるとき，四角形の対角線のうち，少なくとも一方は，他方の対角線を二等分することを証明せよ．

(1997 年北欧数学オリンピック問 2)

2. 3 つの円 Γ, Γ_1, Γ_2 が平面上にあり，Γ_1 および Γ_2 は，それぞれ点 B, C において Γ に内接している．また，Γ_1 と Γ_2 は点 D において外接している．Γ_1 と Γ_2 の D における共通接線と Γ との交点の 1 つを A とする．Γ_1 と Γ_2 の D における共通接線と Γ との交点の 1 つを A とする．直線 AB と Γ_1 の (B 以外の) 交点を M，直線 AC と Γ_2 の (C 以外の) 交点を N とする．さらに，直線 BC と円 Γ_1, Γ_2 の交点 (B, C 以外の点) をそれぞれ K, L とする．このとき 3 直線 AD, MK, NL は 1 点で交わることを証明せよ．

(1997 年バルカン数学オリンピック問 3)

3. 円 Γ_2 は円 Γ_1 に点 N で内接している．外側の円 Γ_1 の弦 BA, BC は内側の円 Γ_2 とそれぞれ点 K, M で接している．点 N を含まない Γ_1 の円弧 $\overarc{AB}$, $\overarc{BC}$ の中点をそれぞれ Q, P とする．三角形 BKQ の外接円と，三角形 BPM の外接円の B 以外の交点を B_1 とする．このとき，四角形 BPB_1Q は平行四辺形であることを証明せよ．

(2000 年ロシア数学オリンピック 10 年生 5 次問 7)

第 18 章 相似変換

4. 平面上に，三角形 ABC と円 S, S_1, S_2, S_3 があり，円 S_1, S_2, S_3 は S とそれぞれ点 A_1, B_1, C_1 で外接し，S_1 は辺 AB と AC に接し，S_2 は辺 BC と BA に接し，S_3 は辺 CA と CB に接している．このとき，3 直線 AA_1, BB_1, CC_1 は 1 点で交わることを証明せよ．

(1994 年ロシア数学オリンピック 10 年生 5 次問 7)

5. 円に内接する四角形 ABCD をその外接円の中心を中心に 180° 未満回転して，四角形 $A_1 B_1 C_1 D_1$ を作った．$X = AB \cap A_1 B_1$, $Y = BC \cap B_1 C_1$, $Z = CD \cap C_1 D_1$, $W = DA \cap D_1 A_1$ とする．このとき，四角形 XYZW は平行四辺形であることを証明せよ．

(1975 年ソ連数学オリンピック 10 年生問 3)

6. 三角形 $A_1 B_1 C_1$ の辺 $B_1 C_1, C_1 A_1, A_1 B_1$ 上にそれぞれ点 A, B, C があり，$\triangle A_1 B_1 C_1 \backsim \triangle ABC$ である．また，三角形 ABC の垂心を H，外心を O，三角形 $A_1 B_1 C_1$ の垂心を H_1 とする．このとき，$|OH| = |OH_1|$ であることを証明せよ．

(1999 年ブルガリア数学オリンピック問 5)

———— 解答 ————

1. 一般に直線 XY を $\overline{XY}$ と表わす．$\overline{BP}$ に平行で，点 A, C を通る直線をそれぞれ l_A, l_C とする (図 3)．$Area(\triangle ABP) = Area(\triangle BCP)$ なので，3 直線 $l_A, \overline{BP}, l_C$ は等間隔に並んでいる．同様に，$\overline{DP}$ に平行で，点 A, C を通る直線をそれぞれ m_A, m_C とすると，$m_A, \overline{DP}, m_C$ は等間隔に並んでいる．

3 点 B, P, D が同一直線上にない場合，$A = l_A \cap m_A$, $P = \overline{BP} \cap \overline{DP}$, $C = l_C \cap m_C$ である．点 A を中心とする拡大率 2 の相似変換を f とすると，$f(\overline{BP}) = l_C$, $f(\overline{DP}) = m_C$ だから，$f(P) = C$ となる．よって，A, P, C は同一直線上にある．$Area(\triangle ABC) = Area(\triangle ACD)$ より，AC は BD を二等分する．

3 点 B, P, D が同一直線上にある場合は，$Area(\triangle ABD) = Area(\triangle BCD)$ より，BD は AC を二等分する． □

図 3

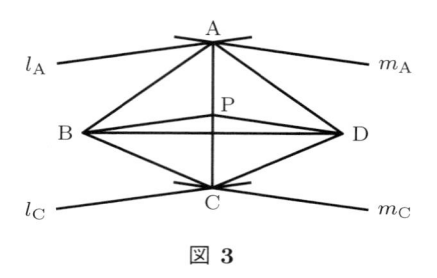

2. 円 Γ, Γ_1, Γ_2 の半径を r, r_1, r_2 とする．点 B を中心に $\dfrac{r}{r_1}$ 倍の相似拡大をすると，円 Γ_1 は円 Γ に移り，$\triangle$MBK は $\triangle$ABC に移る (図 4)．特に，MK // AC である．

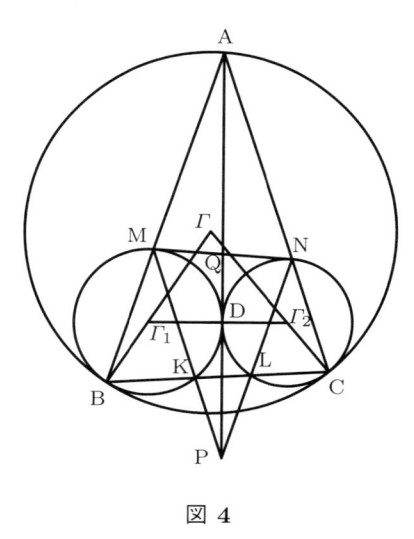

図 4

同様に，$\triangle$NLC $\backsim \triangle$ABC で，NL // AB である．そこで，P = MK $\cap$ NL とすると，四角形 AMPN は平行四辺形になる．

方巾の定理により，$|AB| \cdot |AM| = |AD|^2 = |AC| \cdot |AN|$ である．したがって，$|AB| : |AC| = |AN| : |AM|$ で，$\triangle$ABC $\backsim \triangle$ANM となる．よって，$\angle$CBA = $\angle$ANM である．また，$\triangle$ABC $\backsim \triangle$NLC より，$\angle$CBA = $\angle$CLN である．これより，

$$\angle \text{MNL} = 180° - \angle \text{ANM} - \angle \text{LNC}$$
$$= 180° - \angle \text{CLN} - \angle \text{LNC} = \angle \text{NCL}$$

となり，接弦定理の逆により，MN は円 Γ_2 の接線であることがわかる．

同様に，MN は円 Γ_1 の接線であり，直線 MN は円 Γ_1 と Γ_2 の共通外接線である．

$Q = MN \cap AD$ とする．$|QM| = |QD| = |QN|$ であるので，AD は線分 MN を二等分し，直線 AD は平行四辺形 AMPN の対角線 AP に一致する． □

3. 点 Q における円 Γ_1 の接線と，円 Γ_2 の接線 AB は平行である．よって，点 N を中心に円 Γ_1 が円 Γ_2 に移るように相似拡大すると，点 M, K はそれぞれ点 P, Q に移る．したがって，直線 QK と PM は点 N で交わる (図 5)．

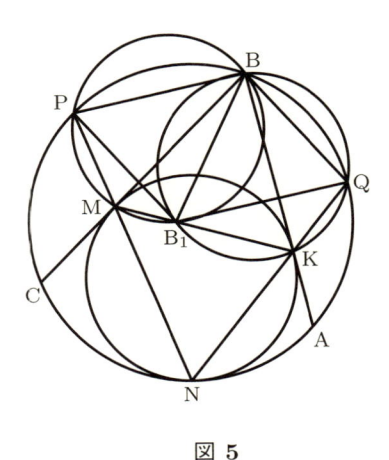

図 5

$$\angle \text{KB}_1\text{M} \equiv \angle \text{KB}_1\text{B} + \angle \text{BB}_1\text{M} \equiv \angle \text{KQB} + \angle \text{BPM}$$
$$\equiv \angle \text{NQB} + \angle \text{BPN} \equiv 0° \pmod{180°}$$

なので，点 B_1 は直線 KM 上にある．AB は Γ_2 の接線だから，

$$-\angle \text{PBQ} \equiv \angle \text{QNP} \equiv \angle \text{KNM} \equiv \angle \text{BKM} \equiv \angle \text{BKB}_1 \equiv \angle \text{BQB}_1 \pmod{180°}$$

である．よって，BP // QB$_1$ である．また，

$$\angle \text{BQB}_1 \equiv \angle \text{BKM} \equiv \angle \text{KMB} \equiv \angle \text{B}_1\text{MB} \equiv \angle \text{B}_1\text{PB} \pmod{180°}$$

なので，四角形 BPB$_1$Q は平行四辺形である． □

4. 円 S, S_1, S_2, S_3 の半径を，それぞれ r, r_1, r_2, r_3 とする．点 A$_1$ を中心とする相似変換で，S_1 を S に写すものを $f_A \colon \mathbb{R}^2 \to \mathbb{R}^2$ とする．すなわち，f_A は，点 A$_1$ を中心とする $-\dfrac{r}{r_1}$ 倍写像であり，A$_1$ を原点として (x, y) 座標を設定すれば，$f_A(x, y) = \left(-\dfrac{rx}{r_1}, -\dfrac{ry}{r_1}\right)$ と表わせる．同様に，点 B$_1$ を中心とする $-\dfrac{r}{r_2}$ 倍写像を f_B，点 C$_1$ を中心とする $-\dfrac{r}{r_3}$ 倍写像を f_C とし，A$_2 = f_A(\text{A})$, B$_2 = f_B(\text{B})$, C$_2 = f_C(\text{C})$ とする．3 点 A, A$_1$, A$_2$ は同一直線上にある（図 6）．同様に，3 点 B, B$_1$, B$_2$ は同一直線上にあり，3 点 C, C$_1$, C$_2$ は同一直線上にある．

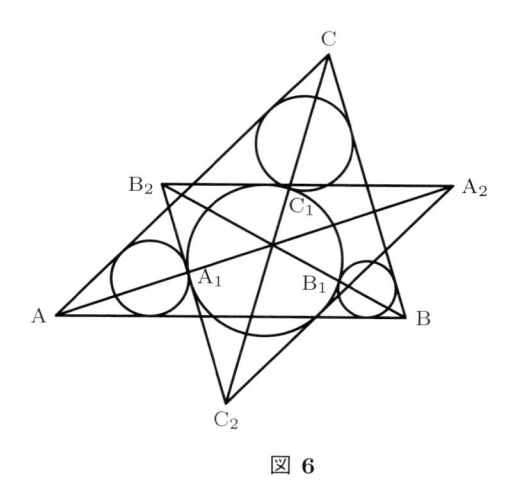

図 6

直線 AB の f_A による像 ℓ_A は点 A$_2$ を通り，AB に平行な直線であり，AB が S_1 に接するので，ℓ_A は $f_A(S_1) = S$ に接する．他方，直線 AB の f_B による像は点 B$_2$ を通り，AB に平行な直線であり，$S = f_B(S_2)$ に接する．したがって，この直線は ℓ_A と一致し，ℓ_A は直線 A$_2$B$_2$ に他ならない．

同様に，直線 B_2C_2 は S に接し BC に平行な直線で，直線 C_2A_2 は S に接し CA に平行な直線である．よって，$\triangle A_2B_2C_2 \backsim \triangle ABC$ で，S は $\triangle A_2B_2C_2$ の内接円である．

$\triangle ABC$ を $\triangle A_2B_2C_2$ に変換する相似変換の中心を P とすれば，3 直線 AA_2, BB_2, CC_2 は P で交わる．すなわち，3 直線 AA_1, BB_1, CC_1 は 1 点 P で交わる． □

5. 一般に O を中心とする円周上に 2 点 P_1, P_2 があり，これらを O を中心に角度 θ 回転した点をそれぞれ Q_1, Q_2 とする．また $R = P_1P_2 \cap Q_1Q_2$，線分 P_1P_2, Q_1Q_2 の中点をそれぞれ M, M′ とする (図 7)．直角三角形 $\triangle OMR \equiv \triangle OM'R$ において，$\angle MOR = \dfrac{\theta}{2}$ で，$\dfrac{|OR|}{|OM|} = \sec \dfrac{\theta}{2}$ だから，M を O 中心に $\dfrac{\theta}{2}$ 回転し，O からの距離を $\sec \dfrac{\theta}{2}$ 倍にした点が R である．

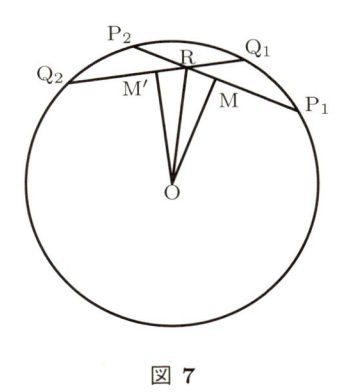

図 7

さて，四角形 ABCD の辺 AB, BC, CD, DA の中点をそれぞれ X′, Y′, Z′, W′, 外接円の中心を O, $\theta = \angle AOA_1$ とする．四角形 XYZW は四角形 X′Y′Z′W′ を O を中心に $\dfrac{\theta}{2}$ 回転し，$\sec \dfrac{\theta}{2}$ 倍に拡大して得られる四角形である (図 8)．

中点連結定理から，X′Y′ // AC // W′Z′, Y′Z′ // BD // X′W′ なので，四角形 X′Y′Z′W′ は平行四辺形であり，よって，四角形 XYZW も平行四辺形

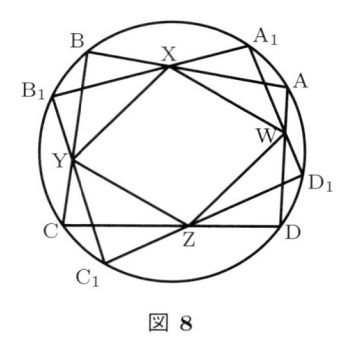

である. □

6. △A_1CB, △B_1AC, △C_1BA の外心をそれぞれ A_2, B_2, C_2 とする. $\angle CA_1B = \angle B_1A_1C_1 = \angle BAC = 180° - \angle BHC$ なので, 四角形 BA_1CH はある円に内接する. また, 正弦定理より

$$|A_2A_1| = \frac{|BC|}{2\sin\angle CA_1B} = \frac{|BC|}{2\sin\angle BAC} = |OA|$$

である. したがって, 円 ABC と円 A_1CHB は半径が等しい. 同様に, 円 B_1AHC, 円 C_1BHA もこれらの円と半径が等しい. この半径を R とする. さらに, $\angle A_1BH = 180° - \angle HBC_1 = \angle C_1AH$ で, 正弦定理により,

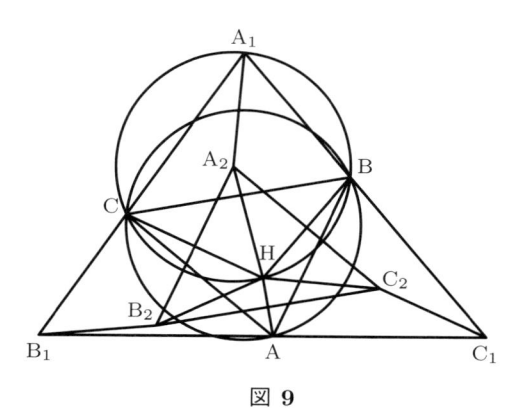

図 9

$$\frac{|A_1H|}{\sin \angle A_1BH} = 2R = \frac{|C_1H|}{\sin \angle C_1AH}$$

だから，$|A_1H| = |C_1H|$ が得られる．同様に，$|A_1H| = |B_1H| = |C_1H|$ だから，H は $\triangle A_1B_1C_1$ の外心である．

また，$|OB| = |OC| = R = |A_2B| = |A_2C|$ より，四角形 A_2COB は菱形で，$\overrightarrow{OA_2} = \overrightarrow{OB} + \overrightarrow{OC}$ となる．同様に，$\overrightarrow{OB_2} = \overrightarrow{OC} + \overrightarrow{OA}$, $\overrightarrow{OC_2} = \overrightarrow{OA} + \overrightarrow{OB}$ である．これより，$\overrightarrow{A_2B_2} = \overrightarrow{OB_2} - \overrightarrow{OA_2} = \overrightarrow{OA} - \overrightarrow{OB} = -\overrightarrow{AB}$, $\overrightarrow{B_2C_2} = -\overrightarrow{BC}$, $\overrightarrow{C_2A_2} = -\overrightarrow{CA}$ だから，$\triangle A_2B_2C_2 \equiv \triangle ABC$ である．また，$|A_2H| = |B_2H| = |C_2H| = R$ だから，$\triangle A_2B_2C_2$ の外心は H である．

そこで，垂心 H が原点 0 になるように複素数平面 $\mathbb{C}$ 上に図形を配置し，点 A, A_1 等をその複素数の座標と同一視する．$\triangle ABC$ を $\triangle A_2B_2C_2$ に変換する合同変換を $f\colon \mathbb{C} \to \mathbb{C}$, $\triangle A_2B_2C_2$ を $\triangle A_1B_1C_1$ に変換する相似変換を $g\colon \mathbb{C} \to \mathbb{C}$ とする．$\overrightarrow{A_2B_2} = -\overrightarrow{AB}$ 等より，$f(z) = -z + p$ (p はある複素数) と表わせる．特に，$f(f(z)) = -(-z + p) + p = z$ である．$f(O) = H$ より，$O = f(f(O)) = f(H)$ である．また，$\triangle A_2B_2C_2$, $\triangle A_1B_1C_1$ の外心は H だから，$g(H) = H$ であり，$g(z) = qz$ (q はある複素数) と表わせる．今，$g(O) = g(f(H))$ だから，$g(O)$ は $\triangle A_1B_1C_1$ の垂心であり，$g(O) = H_1$ となる．

一般に，H 以外の任意の 2 点 P, Q に対し，$P' = g(P)$, $Q' = g(Q)$ とおけば，$\triangle HPP' \backsim \triangle HQQ'$ である．$P = O$, $Q = A_2$ とすれば，$\triangle HOH_1 \backsim \triangle HA_2A_1$ となる．$|A_2H| = |A_2A_1| = R$ だから，$|OH| = |OH_1|$ が得られる． □

第 19 章
反転

円に関する反転を利用する証明法は鮮やかな方法で、いろいろな応用があるが、使いこなすのに熟練を要する。本書では、ごく入門的なところのみを説明するにとどめる。

● **反転**

O を中心とする半径 r の円 Γ と点 P ($\neq$ O) をとる。半直線 OP 上に

$$|\text{OP}| \cdot |\text{OQ}| = r^2 \qquad ①$$

を満たす点 Q をとる。P を Q に移す変換を円 Γ に関する**反転**という。

この反転は、写像 $f\colon (\mathbb{R}^2 - \{\text{O}\}) \to (\mathbb{R}^2 - \{\text{O}\})$ を定める。$\mathbb{R}^2$ に無限遠点 ∞ を 1 点付け加えた $\mathbb{R}^2 \cup \{\infty\}$ を考え、形式的に $f(\text{O}) = \infty$, $f(\infty) = \text{O}$ と定義して、$f\colon (\mathbb{R}^2 \cup \{\infty\}) \to (\mathbb{R}^2 \cup \{\infty\})$ と考えると便利なことが多い。

なお、O が原点になるように座標を設定し、$\mathbb{R}^2 = \mathbb{C}$ として複素数平面上で考えるとき、この反転 $f\colon (\mathbb{C} \cup \{\infty\}) \to (\mathbb{C} \cup \{\infty\})$ は、

$$f(z) = \frac{r^2}{\overline{z}} \quad (\text{ただし、} \overline{z} \text{ は } z \text{ の共役複素数})$$

と表わすことができる。

定理 19.1 Γ が O を中心とする半径 r の円のとき、円 Γ に関する反転 f によって、以下のように図形が変換される。

（1） O を通らない直線は、O を通る円周から点 O を除いた図形に変換される。

（2） O を通る直線は、O を通る直線から点 O を除いた図形に変換される。

（3） O を通らない円は，円周に変換される．
（4） O を通る円は，O を通る直線から O を除いた図形に変換される．
反転によって角の大きさは不変だが，有向角の場合符号が逆になる．

注 円周や直線から O を除いた図形という表現は繁雑であるし，O は ∞ の反転による像とも解釈できるので，今後「O を除いた」という部分は省略して記述する．

証明 Γ の半径は 1 であると仮定しても一般性を失わない．そこで，反転を $f\colon (\mathbb{R}^2 \cup \{\infty\}) \to (\mathbb{R}^2 \cup \{\infty\})$,

$$f(x,y) = \left(\frac{x}{x^2+y^2},\ \frac{y}{x^2+y^2}\right)$$

として考える．$f(f(x,y)) = (x,y)$ に注意する．

簡単な計算により，円（または直線）

$$a(x^2+y^2) + bx + cy + d = 0 \qquad \text{①}$$

はこの変換により，円（または直線）

$$d(x^2+y^2) + bx + cy + a = 0 \qquad \text{②}$$

に変換されることがわかる．

(1) は $a = 0, d \neq 0$ の場合で，この場合②は原点を通る円である．(2) は $a = d = 0$，(3) は $a \neq 0, d \neq 0$，(4) は $a \neq 0, d = 0$ の場合で，同じ考察で結論を得る．

反転が角度の絶対値を保ち符号を反転させることは，複素関数論で学習するように，正則写像 $w = \dfrac{1}{z}$ が等角写像であることと，反正則写像 $w = \bar{z}$ が実軸に関する対称移動であることから従う． $\square$

反転により，4 点 $\alpha_i\ (i=1,2,3,4)$ がそれぞれ β_i に移るとすると，非調和比は共役複素数に変わる．つまり

$$\frac{\dfrac{\beta_3 - \beta_1}{\beta_4 - \beta_1}}{\dfrac{\beta_3 - \beta_2}{\beta_4 - \beta_2}} = \overline{\left(\frac{\dfrac{\alpha_3 - \alpha_1}{\alpha_4 - \alpha_1}}{\dfrac{\alpha_3 - \alpha_2}{\alpha_4 - \alpha_2}}\right)} \qquad \text{③}$$

である．4点 α_i が同一円周上または同一直線上にあるための必要十分条件は，非調和比③の値が実数であることである．この性質によっても，反転により円 (または直線) が円 (または直線) に変換されることが確かめられる．

● 反転幾何

　図形全体を，ある点 O を中心をする円 Γ に関する反転によって，別の図形に変換すると，最初の命題が簡単な命題に変換され，あっさり証明できる場合がある．この場合，反転の中心 O の選び方が大切であって，Γ の半径は本質的でないことが多い．なぜなら，Γ の半径を変えても，変換される図形全体が相似拡大されるだけだからである．そのため，円 Γ に関する反転を，**点 O を中心とする反転**ともいう．反転の中心は，2円 (以上) の交点や，円と多数の直線の交点として選ぶとうまくいくことが多い．

例題 19.2 点 O_1 を中心とする円 S_1 と，点 O_2 を中心とする円 S_2 が 2 点 A, B で交わっている．三角形 AO_1O_2 の外接円を S_3 とする．$S_1 \cap S_3 = \{A, D\}$, $S_2 \cap S_3 = \{A, E\}$, $AB \cap S_3 = \{A, C\}$ とするとき，$|CD| = |CB| = |CE|$ であることを証明せよ．

解答 B $=$ C の場合は，D $=$ E $=$ B で主張は自明なので，B $\neq$ C の場合を考える．

　点 B を中心に反転した図形がどのような図形になるか考える．一般に，点 P や図形 X の反転による像を P′, X′ で表わす．6点 A′, O_1', D′, C′, E′, O_2' は同一円周 S_3' 上にある．円 S_1 は直線 A′D′ に変換されるが，BO_1 が S_1 の半径であったので，A′D′ は線分 BO_1' の垂直二等分線になる．同様に，A′E′ は BO_2' の垂直二等分線である．

　他方，AO_1BO_2 は O_1O_2 について対称で，AO_1DO_2 は S_3 に内接するから，

$$\angle O_2BO_1 \equiv \angle O_1AO_2 \equiv -\angle O_2DO_1 \pmod{180°}$$

である．よって，B, D, O_2 は同一直線上にある．ゆえに，B, D′, O_2' は同一直線上にある．同様に，B, E′, O_1' も同一直線上にある．

　ところで，$|CD| = |CB| = |CE|$ は，点 C が $\triangle BDE$ の外心であることと同

図 1

図 2

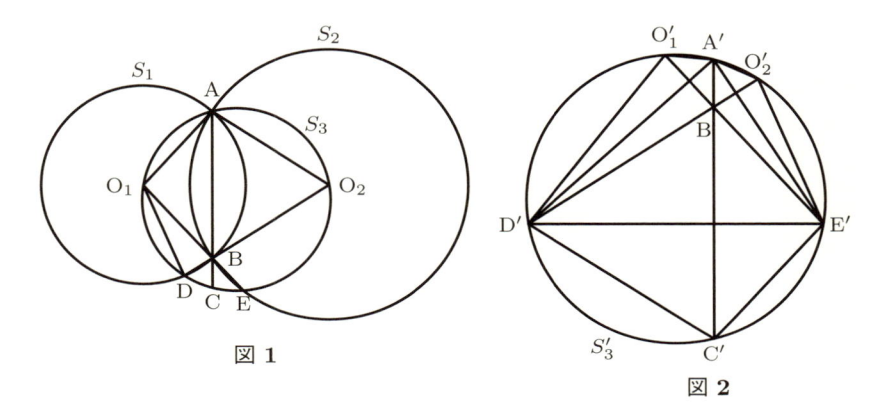

値であり，それは，$D'E'$ が BC' の垂直二等分線であることと同値である．B と $D'E'$ に関して対称な点を P とすると，

$$\angle E'PD' = \angle D'BE' \equiv \angle D'BA' + \angle A'BE' \equiv \angle A'O_1'D' + \angle E'O_2'A'$$

$$\equiv \angle A'E'D' + \angle E'D'A' \equiv \angle E'A'D' \pmod{180°}$$

である．よって，P は円周 S_3' 上にある．また，$O_1'E' \perp A'D'$ より，

$$\angle D'A'B + \angle E'D'A' = \angle O_1'A'D' + \angle E'D'A' = \angle O_1'E'D' + \angle E'D'A' = 90°$$

となり，$A'B \perp D'E'$ がわかる．特に，P も直線 $A'B$ 上にある．

3 点 A, B, C は同一直線上にあるので，3 点 A', B, C' も同一直線上にあり，また，B と C' は $D'E'$ に関して反対側にあるので，$C' = P$ がわかる．よって，$D'E'$ は BC' の垂直二等分線である． □

―― 演習問題 19 ――

1. フォイエルバッハの定理 (定理 8.7) を，以下の手順で反転を利用して証明せよ．

三角形 ABC について，A_m, A_i, A_e 等は第 8 章と同じ意味とする．△ABC の内接円を Γ_i，辺 BC に接する傍接円を Γ_A，9 点円を Γ_9 とする．また，角 A の二等分線と BC の交点を A_b とし，AA_b に関して直線 BC と対称な直線

を ℓ とする.さらに,$P = \ell \cap A_m B_m$, $Q = \ell \cap A_m C_m$ とする.今,点 A_m を中心とし $|A_m A_i|$ を半径とする円を ω とし,ω に関する反転 f を考える.

(1) $f(\Gamma_i) = \Gamma_i$, $f(\Gamma_A) = \Gamma_A$ であることを証明せよ.

(2) $f(B_m) = P$, $f(C_m) = Q$ を証明せよ.

(3) Γ_i と Γ_9 は接すること,および,Γ_A と Γ_9 は接することを証明せよ.

2. どの 2 辺の長さも等しくない三角形 ABC において,その内心を I,外心を O,内接円と辺 BC, CA, AB の接点をそれぞれ A_i, B_i, C_i とする.このとき,三角形 $A_i B_i C_i$ の垂心 H_1 は直線 IO 上にあることを,次の 2 つの方法で証明せよ.

(1) △ABC の内接円を外接円に移す中心拡大を利用する.

(2) △ABC の内接円に関する反転を利用する.

(1999 年イスラエル・ハンガリー 2 ケ国数学コンテスト問 3)

3. 三角形 ABC において,C を通って直線 AB と点 A で接する円と,B を通って直線 AC と点 A で接する円は,半径が異なるとする.この 2 円の A 以外の交点を D とする.E は $\overrightarrow{AB} = \overrightarrow{BE}$ を満たす点とし,F は直線 CA と円 AED の (A 以外の) 交点とする.このとき,$|AF| = |AC|$ を証明せよ (A を中心とする反転を利用して証明してみよ).

(1998 年トルコ数学オリンピック問 5)

4. 三角形 ABC は $|CA| = |CB|$, $\angle ACB > 60°$ を満たす二等辺三角形で,辺 AB 上に 2 点 A_1, B_1 があり,$\angle A_1 CB_1 = \angle CBA$ を満たしている.また,円 ω は △$A_1 B_1 C$ の外接円に外接し,半直線 CA, CB にそれぞれ点 A_2, B_2 で接している.このとき,$|A_2 B_2| = 2|AB|$ であることを証明せよ (C を中心とする反転を利用して証明してみよ).

(1998 年ブルガリア数学オリンピック)

5. 円 C_1, C_2 はそれぞれ点 O_1, O_2 を中心とする半径 r_1, r_2 ($r_2 > r_1$) の円であり,さらに C_1, C_2 は 2 点 A, B で交わり $\angle O_1 A O_2 = 90°$ を満たすとする.直線 $O_1 O_2$ は円 C_1 と 2 点 C, D で交わり,円 C_2 と 2 点 E, F で交わる

とする. ただし E は C と D の間にあり, D は E と F の間にあるとする. 直線 BE と C_1 の交点を K, 直線 BE と AC の交点を M, 直線 BD と C_1 の交点を L, 直線 BD と AC の交点を N とする (K ≠ B, L ≠ B). このとき

$$\frac{r_2}{r_1} = \frac{|KE|}{|KM|} \cdot \frac{|LN|}{|LD|}$$

であることを証明せよ (B を中心とする反転を利用して解け).

(1995 年バルカン数学オリンピック問 2)

6. 2 つの円 C_1, C_2 が外接している. その根軸 (共通内接線) 上に点 P が与えられている. C_1 と C_2 に接し, 点 P を通る円を定規とコンパスを用いて作図せよ. その作図方法の正当性も示せ.

(1991 年アジア太平洋数学オリンピック問 5)

7. AB を直径とし, O を中心とする半円 ω がある. 直線 ℓ が半円 ω と 2 点 C, D で交わり, ℓ は直線 AB と点 M で交わる. ただし, |MB| < |MA|, |MD| < |MC| とする. 三角形 AOC の外接円と, 三角形 DOB の外接円の O 以外の交点を K とする. このとき, $\angle OKM = 90°$ であることを証明せよ.

(1995 年ロシア数学オリンピック 10 年生問 6)

―― 解答 ――

1. (1) $f(\overline{BC}) = \overline{BC}$, $f(A_i) = A_i$ で, Γ_i と BC は点 A_i で接しているから, $f(\Gamma_i)$ と $f(\overline{BC}) = \overline{BC}$ も点 $f(A_i) = A_i$ で接している. よって, $f(\Gamma_i)$ の中心は BC の点 A_i における垂線 $A_i I$ 上にある. さらに, $f(\overline{A_m I}) = \overline{A_m I}$ なので, $f(\Gamma_i)$ の中心は $I = A_i I \cap A_m I$ である. これより, $f(\Gamma_i) = \Gamma_i$ である.

同様に, Γ_A と BC の接点 A_e は円 ω と BC の交点であるから, 上の議論を $A_i \to A_e, \Gamma_i \to \Gamma_A, I \to I_A$ と置き換えれば, $f(\Gamma_A) = \Gamma_A$ がわかる.

(2) $|A_m P| \cdot |A_m B_m| = |A_m A_i|^2$ を証明すれば $f(B_m) = P$ がわかる. 中点連結定理により, $|A_m B_m| = \frac{1}{2}|AB| = \frac{c}{2}$ である. また, $|CA_i| = s - c$ よ

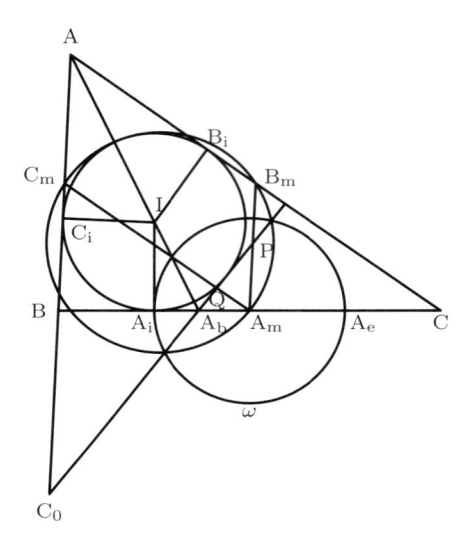

図 3

り，$|A_m A_i| = \left| \dfrac{a}{2} - (s-c) \right| = \dfrac{|c-b|}{2}$ である．

直線 BC と ℓ は直線 $II_A = AA_b$ に関して対称なので，$\ell \cap BC = A_b$ である．同様に，$C_0 = \ell \cap AB$ とおけば，C と C_0 は AA_b に関して対称な点である．$A_m B_m \mathbin{/\mkern-6mu/} AB$ より $\triangle PA_b A_m \backsim \triangle C_0 A_b B$ で，$|A_m P| : |BC_0| = |A_b A_m| : |A_b B|$ である．$|AC_0| = |AC| = b$ より $|BC_0| = |c-b|$，二等分線定理より

$$|A_b B| = \dfrac{ac}{b+c}, \quad |A_b A_m| = \left| |A_b B| - \dfrac{1}{2}a \right| = \left| \dfrac{a(c-b)}{2(b+c)} \right|$$

であるから，

$$|A_m P| = \dfrac{|BC_0| \cdot |A_b A_m|}{|A_b B|} = \dfrac{|c-b| \cdot |a(c-b)| \cdot (b+c)}{|2(b+c)|ac} = \dfrac{|c-b|^2}{2c}$$

となる．これより，$|A_m P| \cdot |A_m B_m| = |A_m A_i|^2$ が得られる．

$f(C_m) = Q$ も同様にして証明できる．

(3) BC は $\varGamma_i, \varGamma_A$ に接するので，対称線 ℓ も $\varGamma_i, \varGamma_A$ に接する．$\varGamma_9$ は ω の中心 A_m を通るので，$f(\varGamma_9)$ は直線である．(2) より，$f(\varGamma_9)$ は $f(B_m) = P$,

$f(\mathrm{C_m}) = \mathrm{Q}$ を通るので,$f(\varGamma_9) = \ell$ である.$\ell = f(\varGamma_9)$ は $\varGamma_\mathrm{i} = f(\varGamma_\mathrm{i})$, $\varGamma_\mathrm{A} = f(\varGamma_\mathrm{A})$ と接するから,$\varGamma_9$ は $\varGamma_\mathrm{i}$, $\varGamma_\mathrm{A}$ と接することがわかる. □

2. △ABC の内接円を ω_1, 外接円を ω_2 とする (図 4).

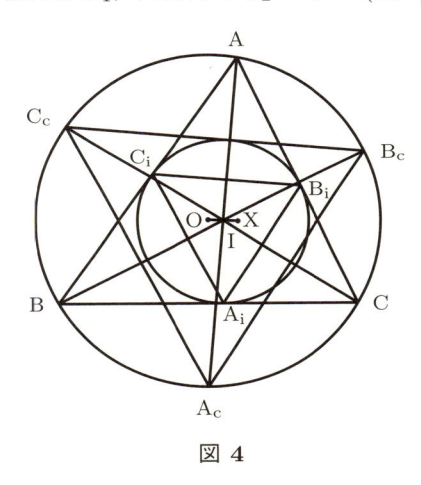

図 4

(1) $f \colon \mathbb{R}^2 \to \mathbb{R}^2$ を ω_1 を ω_2 に変換するような中心拡大とする.$f(\mathrm{I}) = \mathrm{O}$ より,この相似の中心 X は直線 IO 上にある.$\mathrm{A_c} = f(\mathrm{A_i})$, $\mathrm{B_c} = f(\mathrm{B_i})$, $\mathrm{C_c} = f(\mathrm{C_i})$ とおくと,$\mathrm{A_c}$, $\mathrm{B_c}$, $\mathrm{C_c}$ はそれぞれ弧 $\widehat{\mathrm{CB}}$, $\widehat{\mathrm{BA}}$, $\widehat{\mathrm{AC}}$ の中点である.すると,$\mathrm{I} = \mathrm{AA_c} \cap \mathrm{BB_c} \cap \mathrm{CC_c}$ で,$\mathrm{AA_c} \perp \mathrm{B_c C_c}$, $\mathrm{BB_c} \perp \mathrm{C_c A_c}$, $\mathrm{CC_c} \perp \mathrm{A_c B_c}$ である (定理 7.4 の証明参照).よって,I は △$\mathrm{A_c B_c C_c}$ の垂心 $\mathrm{H_2}$ である.$f(\triangle \mathrm{A_i B_i C_i}) = \triangle \mathrm{A_c B_c C_c}$ だから,$f(\mathrm{H_1}) = \mathrm{H_2} = \mathrm{I}$ となる.よって,$\mathrm{H_1}$ は直線 XI = IO 上にある.

(2) △$\mathrm{A_i B_i C_i}$ の 9 点円を ω_3 とし,$\mathrm{N_1}$ を ω_3 の中心とする.I は △$\mathrm{A_i B_i C_i}$ の外心だから,$\mathrm{N_1}$ は線分 $\mathrm{IH_1}$ の中点である.

円 ω_1 に関する反転 f により,$f(\mathrm{A})$, $f(\mathrm{B})$, $f(\mathrm{C})$ はそれぞれ線分 $\mathrm{A_i B_i}$, $\mathrm{B_i C_i}$, $\mathrm{C_i A_i}$ の中点になる.また,$f(\omega_2) = \omega_3$ である.よって,I, O, $\mathrm{N_1}$ は同一直線上にある.点 $\mathrm{H_1}$ もこの直線 IO = $\mathrm{IN_1}$ 上にある. □

3. 点 A を中心とし $|\mathrm{AC}|$ を半径とする円に関する反転 $f \colon (\mathbb{R}^2 - \{\mathrm{A}\}) \longrightarrow$

図 5

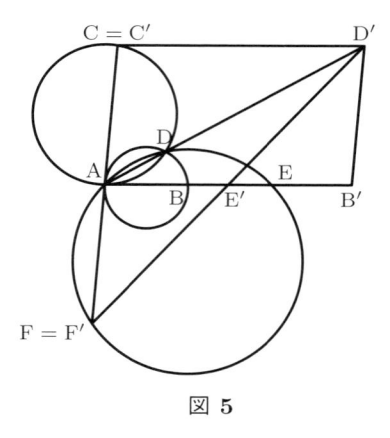

($\mathbb{R}^2 - \{A\}$) を考え，$B' = f(B)$, $C' = f(C) = C$, $D' = f(D)$, $E' = f(E)$, $F' = f(F)$ とする (図 5). 円 ABD, 円 ACD の f による像はそれぞれ直線 $B'D'$, $C'D'$ であり，この 2 円はそれぞれ f で不変な直線 AC, AB に，反転の中心 A で接するので，$B'D' \parallel AC'$, $C'D' \parallel AB'$ である．よって，$AB'D'C'$ は平行四辺形である．f で不変な直線 AB 上で B は AE の中点だから，反転 f により E' は AB' の中点になる．円 EDAF の f による像は直線 $D'E'$ だから，$F' = AC' \cap D'E'$ である．ゆえに，$\triangle F'E'A \backsim \triangle F'D'C'$ で，$|AF'| = |AC'|$ である．よって，$|AF| = |AC|$ である． □

4. C を中心とし $|CA|$ を半径とする円に関する反転を $f\colon (\mathbb{R}^2 - \{C\}) \to (\mathbb{R}^2 - \{C\})$ とし，$A'_1 = f(A_1)$, $B'_1 = f(B_1)$ とする (図 6) ($f(A) = A$, $f(B) = B$ である). A, A_1, B_1, B は同一直線上にあるから，反転による像 A, A'_1, B'_1, B, C は同一円周 ω_2 上にあり，ω_2 の中心は $\triangle ABC$ の外心 O である．よって，$\angle A'_1 CB'_1 = \angle A_1 CB_1 = \angle CBA$ であり，円周角の定理より $|A'_1 B'_1| = |CA| = |CB|$ を得る．このことは，直線 $A'_1 B'_1$, CA, CB が O から等距離にあることを意味する．

他方，$\omega' = f(\omega)$ とすると，ω が CA, CB に接するから，ω' も CA, CB に接する．また，$\triangle A_1 B_1 C$ の外接円の f による像は直線 $A'_1 B'_1$ で，ω が $\triangle A_1 B_1 C$ の外接円に接するから，ω' は直線 $A'_1 B'_1$ に接する．よって，ω' の

図 6

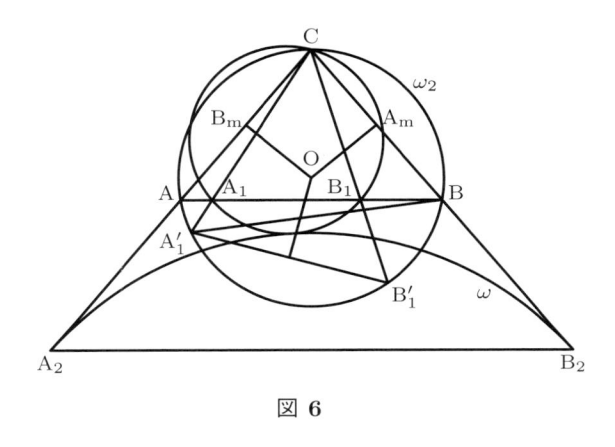

中心は O であり，ω' と CA, CB の接点は，それぞれ CA, CB の中点 B_m, A_m である．$f(A_2) = B_m$, $f(B_2) = A_m$ で，$|CA_2| \cdot |CB_m| = |CA|^2$ 等より，$|CA_2| = 2|CA|$, $|CB_2| = 2|CB|$ を得る．中点連結定理により，$A_2 B_2 \,/\!/\, AB$ で，$|A_2 B_2| = 2|AB|$ である． □

5. 一般に，点 P，図形 X の点 B を中心とした半径 1 の円に関する反転による像を P', X' で表わす．C_1', C_2' は直線であるが，C_1 と C_2 が点 A で直交するので，直線 C_1' と C_2' は A' で垂直に交わる．C, D, E, F は同一直線上にあるので，C', D', E', F' は同一円周 ω 上にある．同様に，A', M', C', B は同一円周上にあり，A', N', F', B は同一円周上にある (図 8)．C', K', A', D' は直線 C_1' にあり，F', L', A', E' は直線 C_1' にあるので，

$$\angle A'M'B = \angle A'C'B = \angle D'C'B = \angle D'E'B$$

となる．よって，$A'M' \,/\!/\, D'E'$ である．同様に，$A'N' \,/\!/\, D'E'$ であり，A', M', N' は同一直線上にある．

また，$\angle D'BC' = \angle DBC = 90°$，$\angle F'BE' = \angle FBE = 90°$ なので，線分 $C'D'$, $E'F'$ は ω の直径である．特に，$|C'D'| = |E'F'|$ で，$\triangle A'D'E'$ は直角二等辺三角形である．

$\triangle BCD \backsim \triangle BD'C'$ より，$|CD| : |C'D'| = |BC| : |BD'|$ である．反転に用い

図 7

図 8

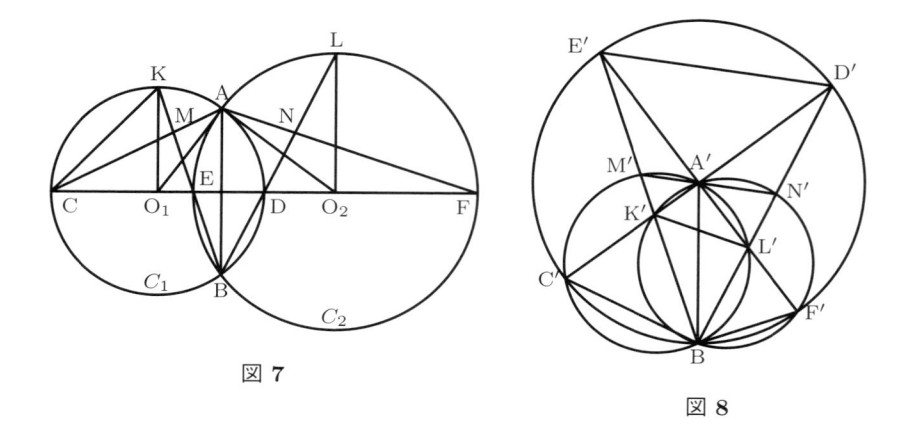

た円の半径は 1 なので，$|BC| = \dfrac{1}{|BC'|}$ であり，

$$|CD| = \frac{|C'D'| \cdot |BC|}{|BD'|} = \frac{|C'D'|}{|BC'| \cdot |BD'|}$$

が成り立つ．よって，

$$2r_1 = |CD| = \frac{|C'D'|}{|BC'| \cdot |BD'|}, \quad 2r_2 = |EF| = \frac{|E'F'|}{|BE'| \cdot |BF'|},$$

$$|KE| = \frac{|K'E'|}{|BK'| \cdot |BE'|}, \quad |KM| = \frac{|K'M'|}{|BK'| \cdot |BM'|},$$

$$|LN| = \frac{|L'N'|}{|BL'| \cdot |BN'|}, \quad |LD| = \frac{|L'D'|}{|BL'| \cdot |BD'|}$$

である．これより，$\dfrac{r_2}{r_1} = \dfrac{|KE|}{|KM|} \cdot \dfrac{|LN|}{|LD|}$ は，

$$\frac{|E'F'| \cdot |BC'| \cdot |BD'|}{|C'D'| \cdot |BE'| \cdot |BF'|} = \frac{|K'E'| \cdot |BK'| \cdot |BM'| \cdot |L'N'| \cdot |BL'| \cdot |BD'|}{|K'M'| \cdot |BK'| \cdot |BE'| \cdot |L'D'| \cdot |BL'| \cdot |BN'|}$$

と同値である．この式を約分し，さらに，$|C'D'| = |E'F'|$ と，E'D' // M'N' より $|BM'| : |BN'| = |BE'| : |BD'|$ であることを用いて整理すると，

$$\frac{|BC'| \cdot |BD'|}{|BE'| \cdot |BF'|} = \frac{|K'E'| \cdot |L'N'|}{|K'M'| \cdot |L'D'|} \qquad ①$$

となる.

$$|K'A'| = |K'E'|\sin\angle BE'F', \quad \frac{|K'A'|}{|K'M'|} = \frac{|K'D'|}{|K'E'|} = \frac{\sin\angle K'E'D'}{\sin\angle E'D'K'}$$ で, $\angle E'D'K' = 45°$ より,

$$\frac{|K'E'|}{|K'M'|} = \frac{\sin\angle K'E'D'}{\sin\angle E'D'K' \sin\angle BE'F'} = \sqrt{2}\frac{|BD'|}{|BF'|}$$

となる. 同様に, $\dfrac{|L'D'|}{|L'N'|} = \sqrt{2}\dfrac{|BE'|}{|BC'|}$ であるから, この 2 式から ① を得る. □

6. 円 C_1, C_2 の共通外接線 L_1, L_2 を作図する (図 9). ただし, L_1 より L_2 のほうが P に近いとする. 点 P を中心とし, $C_1 \cap C_2$ を通る円を C_3 とする. 円 C_3 に関する反転を, 写像 f で表わすとき, 円 $f(L_1)$ が求める円であることを, 後で証明する. この円 $f(L_1)$ を作図するには, 次のようにすればよい. P から L_1 に下ろした垂線の足を Q とする. r_3 を C_3 の半径として, 線分 PQ 上に $|PQ|\cdot|PQ'| = r_3^2$ となる点 Q' を作図する. それには, Q から C_3 に接線を描き, その接点 T から PQ に垂線を下ろし, その足を Q' とすればよい. そして PQ' を直径とする円を作図すれば, それが $f(L_1)$ である.

さて, $f(L_1)$ が求める円であることを証明する. C_1 と C_3 は直交するので,

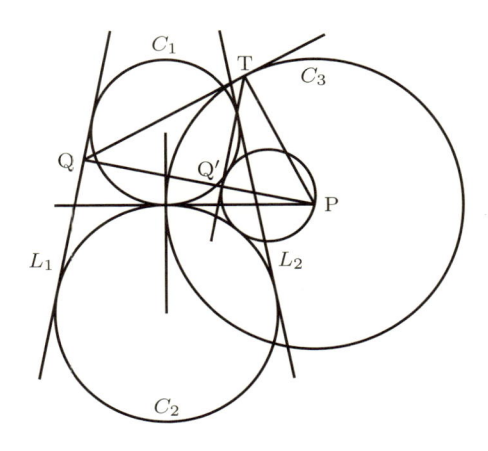

図 **9**

$f(C_1) = C_1$ である．同様に，$f(C_2) = C_2$ である．一般に，f により，P を通らない直線は，P を通る円にうつる．L_1 は C_1, C_2 に接する直線であるので，$f(L_1)$ は P を通り，$f(C_1) = C_1$ と $f(C_2) = C_2$ に外接する円になる (同様に，$f(L_2)$ も P を通り，C_1 と C_2 に接する円になる). □

7. 一般に，ω に関する点 P の反転 f による像を $P' = f(P)$ で表わす．円 AOC の f による像は直線 AC であり，円 BOD の f による像は直線 BD である．したがって，$K' = AC \cap BD$ である (図 10)．また，$f(\overline{CD})$ は，$\triangle COD$ の外接円 ω_1 なので，$M' = f(M)$ は ω_1 と直線 AB の交点である．$f(\overline{MK})$ は，$\triangle OM'K'$ の外接円 ω_2 であるので，$\angle OKM = 90°$ であることは，直線 OK' が ω_2 と直交することと同値であり，それは，線分 OK' が ω_2 の直径であることと同値であり，さらに，それは，$\angle K'M'O = 90°$ と同値である．

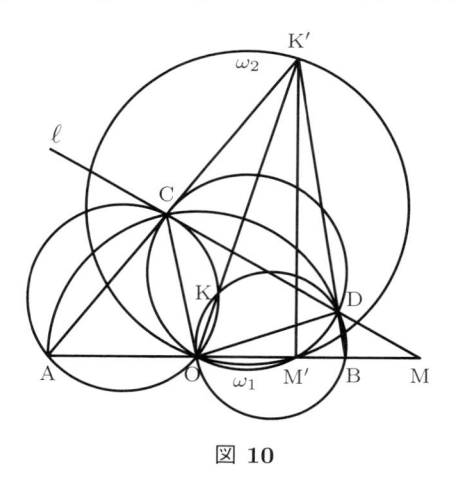

図 10

$\triangle ABK'$ に着目する．$AK' \perp BC$, $BK' \perp AD$ で O は AB の中点なので，3 点 C, D, O を通る円 ω_1 は，$\triangle ABK'$ の 9 点円である．したがって，ω_1 と AB の交点 M' は，頂点 K' から辺 AB に下ろした垂線の足である．よって，$\angle K'M'O = 90°$ である． □

索 引

●ア行

アポロニウスの円　91, 115
ウォーレス点　153
内ナポレオン三角形　108
オイラー線　58, 133
オイラーの定理　78

●カ行

外心　133
外接円　48
外接球　133
キーペルト双曲線　108
キーペルト点　107
軌跡　167
合同　186
合同変換　186
根軸　16
根心　16

●サ行

ジェルゴンヌ点　115
シムソン線　126
重心　38, 133
シュワルツの不等式　173
垂心　56, 135
垂足三角形　57
スタイネル点　153
スタイネルの定理　127
スチュワートの定理　40

正弦定理　23
正の相似　186
正の相似変換　186
相似　186
相似拡大　186
相似縮小　186
相似の中心　186
相似変換　186
外ナポレオン三角形　108

●タ行

第1ルモアーヌ円　114
タッカー円(群)　114
チャップル-オイラーの定理　78
中心　187
中心拡大　186
中線　38
調和共役点　90
調和列点　90
直極点　116
直稜四面体　135
直交四面体　135
等角共役　101
等角共役点　101
等角中心　105
等距離共役点　115
等積四面体　137
等面四面体　137

等力点　　115

●ナ行
ナーゲル点　　115
内心　　65, 133
内接円　　29, 65
内接球　　133
ナポレオン点　　107
ノイベルク点　　116

●ハ行
パスカル線　　93
反転　　198
フェルマー点　　105
フォイエルバッハ円　　80
フォイエルバッハ点　　81
フォイエルバッハの定理　　31
符号付き角度　　2
ブロカール円　　114
ブロカール角　　111
ブロカール点　　111
ヘロンの公式　　25
傍心　　29, 65, 133
傍心三角形　　29
傍接円　　29, 65
傍接球　　133
方巾　　14

●マ行
ミケル点　　153
モーリーの定理　　110
モンジュ点　　133

●ヤ行
有向角　　2
余弦定理　　23

●ラ行
類似重心　　102
ルーリエの定理　　31
ルモアーヌ点　　102

著者：安藤　哲哉（あんどう　てつや）
　　　1959 年　愛知県瀬戸市生まれ．岐阜県（旧）明智町出身．
　　　1982 年　東京大学理学部数学科卒業．同大学院を経て，
　　　1986 年　千葉大学講師．
　　　現　在　千葉大学理学部情報・数理学科准教授．
　　　　　　　理学博士（東京大学），専門は代数幾何学．
　　著書
　　　『数学オリンピック事典』（共著，朝倉書店）
　　　『世界の数学オリンピック』（日本評論社）
　　　『コホモロジー』（編著者，日本評論社）
　　　『ジュニア数学オリンピックへの挑戦』（日本評論社）
　　　『理系数学サマリー ---- 高校・大学数学復習帳』（数学書房）
　　　『ホモロジー代数学』（数学書房）
　　　『不等式 ----21 世紀の代数的不等式論』（数学書房）
　　　『代数曲線・代数曲面入門 第 2 版 ---- 複素代数幾何の源流』（数学書房）

三角形と円の幾何学
　　2006 年 10 月 10 日　第 1 刷発行
　　2022 年　5 月 31 日　第 5 刷発行

発行所：㈱海鳴社　http://www.kaimeisha.com/
　　　　〒101-0065　東京都千代田区西神田 2－4－6
　　　　E メール：kaimei@d8.dion.ne.jp
　　　　Tel：03-3262-1967　Fax：03-3234-3643

JPCA

本書は日本出版著作権協会（JPCA）が委託管理する著作物です．本書の無断複写などは著作権法上での例外を除き禁じられています．複写（コピー）・複製，その他著作物の利用については事前に日本出版著作権協会（電話 03-3812-9424, e-mail:info@e-jpca.com）の許諾を得てください．

発　行　人：辻　　信　行
組　　　版：海　鳴　社
印刷・製本：モリモト印刷

出版社コード：1097　　　　　　　　© 2006 in Japan by Kaimeisha
ISBN 978-4-87525-234-4　　落丁・乱丁本はお買い上げの書店でお取替えください

村上雅人の理工系独習書「なるほどシリーズ」

なるほど虚数——理工系数学入門	A5判 180 頁、1800 円
なるほど微積分	A5判 296 頁、2800 円
なるほど線形代数	A5判 246 頁、2200 円
なるほどフーリエ解析	A5判 248 頁、2400 円
なるほど複素関数	A5判 310 頁、2800 円
なるほど統計学	A5判 318 頁、2800 円
なるほど確率論	A5判 310 頁、2800 円
なるほどベクトル解析	A5判 318 頁、2800 円
なるほど回帰分析	A5判 238 頁、2400 円
なるほど熱力学	A5判 288 頁、2800 円
なるほど微分方程式	A5判 334 頁、3000 円
なるほど量子力学 I ——行列力学入門	A5判 328 頁、3000 円
なるほど量子力学 II ——波動力学入門	A5判 328 頁、3000 円
なるほど量子力学 III ——磁性入門	A5判 260 頁、2800 円
なるほど電磁気学	A5判 352 頁、3000 円
なるほど整数論	A5判 352 頁、3000 円
なるほど力学	A5判 368 頁、3000 円
なるほど解析力学	A5判 238 頁、2400 円
なるほど統計力学	A5判 272 頁、2800 円
なるほど統計力学◆応用編◆	A5判 260 頁、2800 円
なるほど物性論	A5判 360 頁、3000 円

（本体価格）